RESEARCH ON SCIENCE WRITING
IN CHINA 2018

中国科普创作
发展研究
2018

陈 玲　张志敏◎主编

科学出版社

北 京

图书在版编目（CIP）数据

中国科普创作发展研究 2018 / 陈玲，张志敏主编. —北京：科学出版社，2018.11

ISBN 978-7-03-058800-5

I. ①中… II. ①陈… ②张… III. ①科学普及-普及读物-创作方法-研究报告-中国-2018 IV. ①N49

中国版本图书馆 CIP 数据核字（2018）第 212432 号

责任编辑：张　莉 / 责任校对：邹慧卿
责任印制：张欣秀 / 封面设计：有道文化

联系电话：010-64035853
E-mail：houjunlin@mail.sciencep.com

科 学 出 版 社 出版
北京东黄城根北街 16 号
邮政编码：100717
http://www.sciencep.com
北京建宏印刷有限公司 印刷
科学出版社发行　各地新华书店经销

＊

2018 年 11 月第 一 版　　开本：720×1000　B5
2018 年 11 月第一次印刷　　印张：13 1/2
字数：180 000
定价：78.00 元
（如有印装质量问题，我社负责调换）

编写组成员

（按姓氏笔画排序）

马俊锋　王大鹏　刘　健　朱洪启　张　冲

张志敏　李红林　李姗姗　杨　波　陈　玲

郑永春　郑培明　姚利芬　赵伟方　郝丽鑫

高宏斌　谢丹杨　鞠思婷

序

　　科普创作是科学普及与文艺创作的有机结合,是我国社会主义文艺事业的有机组成部分。科普创作是科学普及的源头,地位十分重要。在我国加快建设创新型国家、奋力实现中国梦的关键时期,科普创作需要在中国特色社会主义物质文明、精神文明、政治文明和生态文明建设中发挥更大作用。

　　科普创作在我国的发展历史已逾百年。叶永烈在《叶永烈科普全集》第28卷《科学文艺概论》中考证,我国最早的科幻小说出现于1904年,科学小品出现于1934年,科学童话出现于1920年,第一本科学诗诗集成书于1959年。20世纪三四十年代,科学小品、科学童话、科学诗等的创作都十分活跃,产出了一大批优秀作品,也涌现出许多著名的科普作家,如高士其、贾祖璋等。中华人民共和国成立以来,广大科学技术工作者,包括许多著名科学家、教授、工程师、医师等,在完成科学研究、教学、生产或医疗任务的同时,利用业余时间编写和创作了很多科学普及读物,如《十万个为什么》等;也翻译和介绍了不少国外优秀的科普作品,并与电影工作者协作编导、拍摄和译制了很多有益的科学教育电影片[①]。随后的十几年,我国的科普创作陷入了长时间的沉寂,终于在1978年"科学的春天"到来之际焕发出蓬

---

① 周培源. 迎接科普创作的春天[J]. 科普创作, 1979 (1): 1.

勃生机。

　　1978 年 5 月底至 6 月初,全国科普创作座谈会在上海召开,会上发起成立了中国科学技术普及创作协会筹委会[①]。在中国科学技术普及创作协会筹委会的推动下,各地快速建立科普创作组织,发展会员,并陆续创办科普刊物,开展科普创作学术交流和展示活动。1979 年 8 月,中国科普作家协会成立,全国有 24 个[②]省(自治区、直辖市)成立科普作家协会组织,团结和凝聚了全国范围内的广大科普创作者,将全国科普创作事业的发展推向一个有组织、有规划的发展阶段。

　　自 20 世纪 90 年代以来,科普创作得到党和国家的进一步重视。国务院及有关部委出台的多项政策法规,如《中共中央、国务院关于加强科学技术普及工作的若干意见》《全民科学素质行动计划纲要(2006—2010—2020 年)》《关于加强国家科普能力建设的若干意见》等,都将科普创作纳入促进科普事业发展、提升公民科学素质、提升国家科普能力战略之中,并提出促进科普创作发展的具体措施和任务,为科普创作发展与繁荣营造了健康、有利的外部环境。在这样的时代背景和社会环境下,近二十多年来,我国的科普创作不断向前迈进发展。科普创作队伍逐步扩大,科普作品数量不断增加、形式不断创新,国际影响力不断提升。2018 年第十次中国公民科学素质调查结果表明,我国具备科学素质的公民比例达 8.47%,比 2015 年第九次中国公民科学素质调查结果提高了近 2.3 个百分点,正接近 2020 年 10%的目标。科学普及是公民科学素质建设的重要手段,我国公民科学素质的快速提升也得益于科普创作的发展和优质科普作品的供应。

---

① 1979 年成立之初名为中国科学技术普及创作协会,1991 年更名为中国科普作家协会。
② 目前,我国已经成立 29 个省级科普作家协会组织。

一直以来，中国科学技术协会高度重视科普创作，持续通过政策引导、项目支持、经费扶持等手段和方式，支持中国科普研究所、中国科普作家协会广泛联系和服务广大科普创作者，开展科普创作研究和实践工作。2016 年，在中国科学技术协会的支持下，中国科普研究所成立了科普创作研究室，与中国科普作家协会秘书处一道，共同为繁荣科普创作事业提供服务和支撑。

本书选取"十三五"以来的 2016～2017 年为时间段，首次从全局视角观察、研究我国科普创作实践的发展，涵盖科普创作领域的多项主题，包括政策环境、激励措施、人员队伍、作品创作与出版等，对广大科普创作者、科普创作研究者与更广泛意义上的科学普及工作者具有参考和借鉴意义。这项研究也是中国科普研究所 2018 年支持研究课题的部分成果，对于今后中国科普创作领域发展年度报告的研究编制做了很好的探索。

王康友

2018 年 10 月

前　　言

科学普及是促进公民科学素质提升、夯实创新型国家建设人才基础的重要工作，发展科普事业是我国的长期任务。在科普事业发展大局中，科普创作的地位十分重要，其产出的科普作品具有很高的文化价值和教育价值，是科学普及的内容源泉，对于提升公民科学素质、促进人的全面发展具有重要的作用。

自 20 世纪初期我国科普创作萌芽、产生、发展以来，广大文化学者、科技人员和教育者等纷纷加入科普创作队伍，在国家发展的不同时期，以科学性、艺术性、通俗性兼具的无以计数的各类科普作品，为社会公众提供了有益的精神食粮和文化食粮，为促进我国公民文化水平和劳动技能提升、科学素质提升、国家人才竞争力提升以及促进经济社会发展做出了应有的贡献。

进入"十三五"时期以来，我国对科普创作的重视更被提升到国家创新能力发展的战略高度。2016 年 7 月，国务院发布《"十三五"国家科技创新规划》，科普创作作为加强国家科普能力建设和提升科普创作能力与产业化发展水平的重要工作内容，在总体工作部署中得到强调。与此同时，2016 年国务院办公厅发布的《全民科学素质行动计划纲要实施方案（2016—2020 年）》也将繁荣科普创作确定为实施科普信息化工程的重要内容，并提出一系列具体任务和举措。科普创作在我国的科学普及事业发展和公民科学素质建设中正在发挥着越来越重要且不可替代的作用，加强科普创作研究的必要性和重要性也不断提升。

本书是对"十三五"以来2016年和2017年我国科普创作领域发展状况的分析与研究，由1篇总报告、12篇专题报告组成，对2016年、2017年我国科普创作领域的重要工作及其进展进行了专门分析和研究。同时，报告后附有2016年和2017年对科普创作具有重要影响的10个事件报道。本书的作者主要是常年关注科普创作的研究人员、一线科普作家、科普场馆研究人员等，本书的撰写既结合了现有的统计数据，也包含着作者的研究和创作经验。相信本书对于广大科普创作者、科普工作管理者、科普创作研究者以及更广泛意义的科普工作者都具有一定的参考和借鉴作用。

我国科普创作实践领域的内容是十分丰富的，由于作者水平有限，加之国内科普创作领域统计工作基础薄弱、科普创作研究发展不平衡，本书的不足和疏漏之处在所难免，敬请广大专家学者和各位读者批评指正。

本书编者

2018年9月

目　　录

附录　中国科普创作大事记（2016～2017 年）

总 报 告

2016～2017 年的中国科普创作

张志敏　陈　玲

　　2016 年 2 月，国务院办公厅印发《全民科学素质行动计划纲要实施方案（2016—2020 年）》，确定了"十三五"时期公民科学素质建设的新目标、新任务、新举措，也标志着我国公民科学素质建设和科学普及事业进入一个新的发展阶段。在科学普及和公民科学素质建设工作中，科普创作是不可缺少、不可替代的重要环节。"十三五"以来，国家对科普创作的重视程度进一步加强，相关部门制定的政策文件中强调科普创作对于科普信息化建设、科普产业建设和国家科普能力建设的重要性，并进一步部署"十三五"时期科普创作的任务，为科普创作的发展指明了方向。

　　2016～2017 年，在全民科学素质建设工作的推动和引领下，在广大科普创作者的共同努力下，我国科普创作领域各项工作有序开展，

　　作者简介：张志敏，博士，中国科普研究所副研究员，中国科普作家协会副秘书长，主要研究方向为科普创作、科普评估和科普活动等。近年来，公开发表研究论文和报告 40 余篇，参编著作 10 余部，主要著作有《科普活动概论》（合著）、《珍宝宫：伊丽莎白时代的伦敦与科学革命》（合译）、《科普监测评估理论与实务》（副主编）。

　　陈玲，博士，中国科普研究所科普创作研究室主任、研究员，中国科普作家协会秘书长，主要研究方向为青少年科技教育、科普创作等。近年来，公开发表论文、译著、专著 40 余篇（部），代表性著作有《中国科普研究进展报告（2002—2007）》《青少年创造性想象力培养：理论与实践》等。

科普创作事业持续发展。一方面，科普创作的外部环境继续优化，科普创作队伍保持增长态势；另一方面，科普作品的数量、质量发展也有可圈点之处，为公民科学素质建设和科学普及工作生产了大量内容资源，也为广大社会公众提供了有益的精神食粮。

一、科普创作的外部环境不断改善

（一）国家重视科普创作，明确了新时期的发展方向和发展任务

2016 年，国务院办公厅发布了《全民科学素质行动计划纲要实施方案（2016—2020 年）》，将繁荣科普创作确定为实施科普信息化工程的重要内容，强调支持优秀科普原创作品以及科技成果普及、健康生活等重大选题，支持科普创作人才培养和科普文艺创作。大力开展科幻、动漫、视频、游戏等科普创作，推动制定对科幻创作的扶持政策，推动科普游戏开发，加大科普游戏传播推广力度，加强科普创作的国际交流与合作。①随后，全国各省（自治区、直辖市）均发布了当地的《全民科学素质行动计划纲要实施方案（2016—2020 年)》。各地普遍强调支持优秀科普原创作品的创作，尤其强调要大力开展科幻、动漫、视频、游戏等科普创作，生产适合多渠道全媒体传播推广的科普作品，强调科学与艺术、科学与人文的融合。

2016 年 7 月，国务院发布《"十三五"国家科技创新规划》，在总体部署中，将科普创作纳入加强国家科普能力建设、提升科普创作能力与产业化发展水平的重要工作内容。在加强国家科普能力建设的部署中强调，要发挥新兴媒体的优势，提高科普创作水平，创新科普传播形式。在提升科普创作能力与产业化发展水平的部署中强调，要加强优秀科普作品的创作，推动产生一批水平高、社会影响力大的原创

---

① 中华人民共和国中央人民政府. 国务院办公厅关于印发《全民科学素质行动计划纲要实施方案（2016—2020 年)》的通知[EB/OL] [2016-03-14]. http://www.gov.cn/zhengce/content/2016/03/14/content_ 5053247.htm.

科普精品；开展全国优秀科普作品、微视频评选推介等活动，加强对优秀科普作品的表彰、奖励。[①]

总体上，随着这两项政策的发布和实施，各地各部门也在推动实施全民科学素质工作中增强了对科普创作工作的重视与保障。在信息化环境下，创作出适合全媒体传播推广的科普作品成为"十三五"时期科普创作的一个主要趋势。

（二）社会关注科普创作，激励措施多元化发展

由政府和社会力量设立的各类社会奖项（含奖励和推荐、推介）和组织开展的各类赛事，是调动科普创作积极性、激发创造性、引导科普作家多出精品佳作的重要手段。2016 年和 2017 年，国内科普创作领域的奖项和赛事活动有新的增长点，同时呈现出种类、行业和地域上的广泛覆盖特点。

1. 国家级、省级政府科技奖励表彰科普创作

国家科学技术进步奖和部分省级政府的科学技术奖奖励科普创作。2016 年和 2017 年，共有 7 部科普图书和 2 部科普影视作品获国家科学技术进步奖二等奖。与此同时，省级科学技术奖项在表彰科普作品方面也有新突破。2016 年以前，只有上海市、重庆市的科学技术进步奖表彰科普作品；自 2016 年开始，北京市科学技术奖、山西省科学技术进步奖开始表彰科普作品；2017 年，江苏省科学技术奖也加入表彰科普作品行列。据统计，2016 年和 2017 年，北京市、上海市、山西省、重庆市、江苏省等地的政府科技奖二等奖、三等奖中，共有 16 部科普作品获奖，含 12 部图书作品和 4 部影视作品。例如，2017 年，有 1 部科普图书获北京市科学技术奖三等奖，1 部科普图书、1 档电视节目和 1 部影视作品获上海市科学技术进步奖二等奖。

2. 多项社会奖励覆盖科普创作

2016～2017 年，部分科普创作协会、自然科学学会、文化事业单

---

① 中华人民共和国科学技术部. 国务院关于印发《"十三五"国家科技创新规划》的通知[EB/OL]. [2016-07-28]. http://www.most.gov.cn/mostinfo/xinxifenlei/gjkjgh/201608/t20160810_127174.htm.

位及基金会等通过设立科普创作专业奖励、在科普奖中设立科普创作类奖励等方式评选优秀作品，对科普创作者和出版机构切实起到了激励作用。

2016 年，第四届中国科普作家协会优秀科普作品奖征集到 345 种科普图书、84 部科普影视动漫作品，从中评选出金奖作品 31 种，含 25 种图书和 6 部科普影视动漫作品；银奖作品 60 种，含 48 种图书和 12 部科普影视动漫作品，创作者和出版机构都获得相应表彰。2016 年和 2017 年，科幻创作领域两项大奖——银河奖和星云奖分别评选出获奖作品 25 部和 174 部予以奖励。此外，山东省、江苏省、四川省等地的科普作家协会也举办了优秀科普作品评选活动。

部分自然科学学会设立的行业科技奖励中单设科普类别，将科普作品纳入表彰范围。2016 年和 2017 年，中国环境保护科学技术奖评选出科普作品 2 部；中华医学科技奖评选出科普作品 3 部。2017 年，中国林学会组织开展的第六届梁希科普奖评选出获奖科普作品项目 11 项。

2016 年和 2017 年，基金会设立的科普创作奖励也表彰了一批科普创作者和优秀作品。2016 年 12 月，第二届王麦林科学文艺创作奖颁发给著名科普、科幻和传记文艺作家叶永烈；2017 年 7 月，第八届吴大猷科学普及著作奖从大陆地区共征集到的 262 种著（译）作中，评选出原创类和翻译类科普图书的金签奖、银签奖共 4 种，佳作奖 15 种和青少年组特别奖 2 种。

此外，2016 年和 2017 年，科学技术部连续组织全国优秀科普作品推荐活动，评选出优秀科普作品累计 100 部；第十一届、第十二届文津图书奖共评选出科普类推荐图书 27 种。与此同时，国家新闻出版广电总局向全国青少年推荐百种优秀图书书目亦设有科普图书类别，也推介了一定数量的科普图书。

3. 科普创作赛事多样化

2016～2017 年，全国多地、多部门和机构组织开展了科普创作赛事。这些科普创作赛事社会发动面广，物质奖励与精神奖励并重，成为科普资源征集的有效渠道，也发现了一大批优秀科普创作人才，有力地推动了科普创作事业的发展。

（1）部分赛事行业特色鲜明

由学会和行业协会主办的科普创作赛事关注本行业领域的科学知识传播、科普资源征集。其中，环保、健康、医学等与公众需求和社会需求贴合紧密的领域较活跃。例如，中华预防医学会和人民网联合主办2016年大学生病毒性肝炎防治科普创作大赛，中国环境科学学会与中国光大国际有限公司于2016年和2017年举办"心环保，新生活——环保科普创意大赛系列活动"等。

（2）部分赛事聚焦新媒体科普创作

为了顺应当下科普信息化的发展趋势，一方面，几乎全部科普创作赛事都评比科普视频类的新媒体作品；另一方面，部分赛事专门征集评选新媒体作品。例如，2016年和2017年，科学技术部办公厅、中国科学院办公厅联合开展全国科普微视频大赛，北京市科学技术协会主办北京科普新媒体创意大赛，山东省科学技术协会、山东广播电视台主办"山东科协星"杯科普动画公益广告大赛。

（3）科协组织是主要举办力量

2016年和2017年，北京市、广东省、江苏省、甘肃省、宁夏回族自治区等地的省级和市级科协组织联合本地的科技、宣传部门开展科普作品创作大赛，征集到了一批优秀作品，发现了创作人才。例如，北京市的年度科普创客大赛、广东省的科普作品创作大赛、江苏省的科普公益作品大赛、甘肃省的全国优秀科普作品征集评比活动、宁夏回族自治区的科普作品创作与传播大赛、江苏省常州市的"良春杯"科普创作大赛，等等。

此外，2016年和2017年的科幻创作赛事也十分活跃。北京市科学技术协会蝌蚪五线谱网站主办"光年奖"原创科幻征文大赛，华为终情局主办"未来全连接"首届科幻超短篇小说创作大赛，中国科普作家协会、世界华人科幻协会主办全国中学生科普科幻作文大赛，深圳科学与幻想成长基金主办晨星科幻文学奖暨首届晨星科幻美术奖等。这些科幻创作赛事不仅调动了各个层次科幻创作者的创作热情，也增加了科幻作家和作品的媒体曝光率。

二、科普创作人才队伍保持发展态势

（一）专职科普创作队伍缓慢增长，地域和行业分布相对集中

统计数据显示，2016 年全国共有专职科普创作人员 14 148 人，比 2015 年的 13 337 人增加 811 人，而 2014 年这一数据是 12 929 人。由此可见，近年来我国专职科普创作人员队伍处于缓慢增长态势。[①]

其中，北京市、上海市、湖南省、江苏省、湖北省、陕西省、广东省和山东省等地的专职科普创作人员占全国专职科普创作人员总数的 50.45%；教育、科协、科技管理、农业和卫生计生部门是专职科普创作人员的主要分布行业。[②]其中，2016 年我国教育部门的科普专职创作人员达 2630 人，占全国科普专职创作人员的 18.59%；科协、科技管理、农业和卫生计生部门的专职科普创作人员均超过了 1000 人[③]。此外，中国科学院和新闻出版广电部门的科普创作人员占科普专职人员总数的比例较高，2016 年分别达 26.64% 和 24.90%[③]。

（二）各级科普创作组织持续发展，呈现不平衡发展趋势

中国科普作家协会及 29 个省级科普创作协会是推动科普创作发展的重要社会组织。2016～2017 年，两级科普创作协会组织大多数都能够结合各自的发展目标与机遇谋求发展，持续发展会员，壮大科普

① 中华人民共和国科学技术部. 中国科普统计 2017 年版[M]. 北京：科学技术文献出版社，2017：11.

② 中华人民共和国科学技术部. 中国科普统计 2017 年版[M]. 北京：科学技术文献出版社，2017：24.

③ 中华人民共和国科学技术部. 中国科普统计 2017 年版[M]. 北京：科学技术文献出版社，2017：31.

创作队伍。

2016 年，中国科普作家协会以团体会员身份加入中国作家协会，为科普创作与文学创作之间加强互通、交流和协作创造了条件。2017 年，中国科普作家协会开始向中国作家协会推荐本会会员，其中 3 人被批准入会。

2016～2017 年，中国科普作家协会共发展会员 376 人。新发展会员呈现出明显的高学历、年轻化特点，行业分布广泛，包括各领域一线科研人员、科普场馆工作人员、职业作家、出版传媒领域人士等，主要分布在北京市、上海市、广州市等地区。

与此同时，2016 年和 2017 年，地方科普作家协会也积极发展会员，壮大科普创作队伍，但呈现出不平衡态势。例如，北京市科普作家协会发展会员 207 人，上海市科普作家协会发展会员 367 人，湖南省科普作家协会发展会员 150 人，四川省科普作家协会发展会员 40 人，安徽省科普作家协会发展会员 85 人，福建省科普作家协会发展会员 18 人。①

（三）多地开展创作人才培训

2016～2017 年，社会各界力量在科普创作人才培训方面也采取了诸多举措，主要包括两类。一类是配合科普创作赛事举办培训活动，由赛事主办方组织实施，以提升参赛作品水平、培养科普创作人才为目标。例如，2016 年 12 月，中国科学院高能物理研究所"载物杯"科普征文大赛联合果壳网科学人、科学松鼠会举办了为期 3 天的科普写作线下培训，面向中国科学院高能物理研究所的中青年科研工作者与中国科学院大学的硕士研究生，传授科普文章写作与科普传播运营的经验和技巧。另一类则是单纯的科普创作人才培养项目，以服务科普创作者创作能力提升和职业发展为目标。2017 年，中国科学技术协会实施的科普中国——科普信息化建设项目中设立"科普文创"子项目，旨在培养科普科幻创作青年人才。2017 年，中国科普作家协会联

---

① 相关数据由各地科普作家协会提供。

合上海市科普作家协会、四川省科普作家协会、果壳网等相关力量，在北京市、上海市、成都市、长春市、武汉市等地开展共 11 场工作坊培训和讲座培训，进行创作理论与实践的指导，900 余名青年创作者参加培训。另外，一些地方科普创作协会也积极开展培训，例如，上海市科普创作协会于 2017 年继续举办第九届大学生科普创作培训班。此外，还有科普作家以个人工作室名义开展青年科普创作者指导与培养，如科学童话作家霞子等。

三、科普作品数量、质量尚未实现同步提升

（一）科普图书、音像制品及期刊创作与出版

科普作品的传统载体主要包括图书、期刊、广播电视节目、影像制品等，其出版种数、出版数量是反映科普创作状况的重要指标。总体上，2016 年我国传统科普作品的创作较 2015 年相比没有明显变化。

1. 科普图书出版种数略降，出版数量略增

统计数据显示，2016 年，全国共出版科普图书 11 937 种，比 2015 年减少 4663 种，占 2016 年全国图书出版种数的 2.39%，较 2015 的 3.49%有明显降低。[1]2016 年，全国共出版科普图书 1.35 亿册，比 2015 年增加 129.54 万册，占 2016 年全国出版图书总印册数的 1.49%，较 2015 的 1.54%变化不大。2016 年，在出版的科普图书中，单品种图书平均出版量为 11 299 册，比 2015 年增加 40.41%。[2]

2. 科普音像制品出版种数增加，出版数量减半

2016 年，全国共出版各类科普（技）音像制品 5465 种，比 2015 年增加 8.26%[3]，光盘发行量和录音带、录像带发行量均较 2015 年减少一半以上。

① 中华人民共和国科学技术部.中国科普统计 2016 版[M]. 北京：科学技术文献出版社，2016：76.

② 中华人民共和国科学技术部.中国科普统计 2017 版[M]. 北京：科学技术文献出版社，2017：77.

③ 中华人民共和国科学技术部.中国科普统计 2017 版[M]. 北京：科学技术文献出版社，2017：87.

3. 科普期刊出版种数略增，出版总册数略降

2016 年，全国出版科普期刊 1265 种，略高于 2015 年的 1249 种，占全国出版期刊种数的 12.54%，与 2015 年的 12.47% 基本持平；出版总册数为 1.6 亿册，较 2015 年减少 0.19 亿册，占全国期刊出版总册数的 5.93%，低于 2015 年的 6.20%。①

（二）新媒体科普作品

在信息化环境下，各种新媒体科普平台兴起，为短篇图文作品和视频、音频类作品提供了发布阵地。网络科普作品在 2016 年和 2017 年仍然是科普创作的重要组成部分。以科普中国网站为例，2016 年建设资源增量 10.425TB，其中，在 16 196 个图文资源之外，建设视频资源 5761 个，音频资源 27 个；2017 年建设资源增量 3.45TB，在 140 663 个图文资源之外，建设视频资源 4042 个，音频资源 530 个。②

然而，不容忽视的是，我国原创图书和影视作品的水平没有明显提高，引进图书仍然占据着市场主要份额，国内各大图书销售排行榜中，原创科普图书仍寥寥无几。与此同时，新媒体平台上的视频、文字等作品也存在创新不足、简单重复等问题。我国科普创作水平不高的现状短期内难以有效改善。

四、科学文艺各类创作发展不平衡

科普作品可以分为科学文艺作品和非科学文艺作品。比较而言，科学文艺作品的文学价值更高，其创作也有别于百科图鉴类、科学探究类的非科学文艺作品。2016～2017 年，我国各类型的科学文艺作品，如科幻小说、科学童话、科学诗、科普特种电影、科普美术的创作都有不同程度的发展。

（一）科幻小说及影视创作

2016 年全国科技创新大会、中国科学院第十八次院士大会和中国工程院第十三次院士大会、中国科学技术协会第九次全国代表大会召开，首届中国科幻季举办，《北京折叠》再获雨果奖，为科幻创作奠定了高昂的发展基调。在国家重视和国际认可的双重推动下，科幻创作发展提速。据不完全统计，2016～2017 年，中国（未统计港、澳、台数据）共出版长篇科幻小说、中短篇集和相关图书 398 种，其中本土作品 212 种。[①]其中，科幻长篇小说佳作迭出，如王晋康的《天父地母》、新锐作家江波的《银河之心》三部曲系列、何夕的《天年》等；中短篇科幻创作更加多元化，刘慈欣的新作《不能共存的节日》、郝景芳的《深山疗养院》、夏笳的《铁月亮》、陈楸帆的《怪物同学会》、阿缺的《云鲸记》等，关注题材各有不同。具体来看，以下几方面亮点突出。

一是国际影响在扩大。2017 年 8 月，国内超过 100 位科幻作家、学者、出版人、媒体人、产业人士和科幻迷，组成史上最大规模的中国科幻代表团，参加在芬兰举办的第 75 届世界科幻大会，多位科幻作家、学者受邀参与分论坛活动，展现了新时代中国科幻的魅力。此外，在刘慈欣、郝景芳接连摘得雨果奖的带动下，中国科幻作品集体"出海"的势头逐渐形成。王晋康的《十字》、刘慈欣的《球状闪电》《流浪地球》、宝树的《三体 X》、陈楸帆的《荒潮》等作品已被译介到国外，而《看不见的星球》《转生的巨人》《星云》（意大利文）等中国当代科幻作品的选集也在国外出版，口碑良好。

二是国内原创科幻作品成为影视及娱乐产业追逐的新热点。自2016 年以来，水星文化致力于将王晋康的科幻作品进行"泛娱乐"开发；科幻作家墨熊系列科幻作品的《混沌之城》签约元力影业。北京壹天文化公司与何夕、江波等签约，购买《天年》《银河之心》三部曲等 13 部科幻小说的影视改编权，并筹集上亿元资金创立科幻基金，致

---

① 数据来源参见本书《2016～2017 年的中国科幻创作》。

力于推动中国科幻影视发展。此外，北京微像公司、浙江黑奥影视文化有限公司、北京中天公司、游族公司、中影集团等国内知名影视文化企业也纷纷介入科幻影视领域。

三是科幻创作研究成为国内文学艺术研究的新热点。《读书》《文化研究》等权威核心期刊纷纷组织科幻创作专题，发表大量高质量的研究论文。北京大学、复旦大学、北京师范大学等组织高水平的学术研讨会，为中外科幻研究者提供了高水平的交流平台，也提高了科幻创作研究在学术界的曝光度和认可度。

（二）科学童话创作

据不完全统计，当前，国内有《我们爱科学》《少年科学画报》《科普创作》《科学大众》《科普童话·神秘大侦探》等 50 家以上报纸、杂志经常发表科学童话。这类报刊大体分为三类：一类是科学普及读物，如《我们爱科学》《少年科学画报》《科普创作》等；一类是文学教育读物，如《少年儿童故事报》《小学生阅读报》《语文世界》《快乐语文》等；一类是绘本，如《亲子智力画刊》《幼儿画报》《少儿画王》《科漫少年》等。①2016～2017 年，这些报刊登载的科学童话作品数以千计。

2016～2017 年，在科普创作作家队伍建设和作品产出方面都有亮点。一方面，青年作家作品不断涌现，为科学童话创作注入了活力；另一方面，不少作品在科普创作、文学创作奖励和赛事中屡屡摘奖，获得社会认可。例如，霞子的《酷蚁安特儿总动员》获科学技术部 2017 年优秀科普作品；张冲的《大齐的"梦"》获 2016 年冰心儿童文学新作奖；李丹莉的《小石头的梦想》获新疆维吾尔自治区第五届优秀科普作品奖金奖、《冰可儿》获新疆维吾尔自治区第二届儿童文学奖；等等。在一大批作家的默默坚守下，我国在科学童话领域继续保持旺盛和活跃的创作态势。

---

① 参见本书《2016～2017 年的中国科学童话创作》。

（三）科学诗创作

2016～2017年，科学诗创作领域通过举办创作赛事、老作家传帮带、跨界融合创作等形式，产出了一批新作，并且在新媒体平台传播，社会反响良好。

中国科学报社、中国科学院文学艺术联合会等联合主办"科学精神与中国精神"诗歌大赛，全国各地诗人、作家、科研人员、出版人、教师等千余人投稿，共评选出获奖作品94篇。尤其是第二届大赛收到不少来自大学和科研院所的一线科研工作者的来稿，他们在诗歌中讲述自己的科研故事，此外，南仁东、黄大年、屠呦呦、袁隆平等科学家的名字也频频出现在参赛作品中，成为重要的诗歌主题。

2016～2017年，科学诗作品借助微信公众号、网站等媒体平台得到广泛传播。科学诗领军人物郭曰方在此期间也取得新成就：2017年，为《科学大师神韵：中国科学家肖像绘画诗歌选》收录的51位科学家画像配写科学诗歌，荣获首届"新国风""杰出诗人"称号，在"中国新诗百年"全球华语诗人诗作评选中荣获全球华语"中国新诗百年·百位最具影响力诗人"称号，提升了科学诗的知名度和社会认可度。

（四）科普特种电影创作

科普特种电影是指那些在巨幕、球幕、环幕、四维（4D）等特效影院放映的、具有超强特效的科普电影。数据显示，2017年电影公映许可证发放公示的第一期①和第二期②国产特种片共有22部影片，全部为4D影片，无巨幕、穹幕影片创作。22部影片由9家单位出品，其中只有一家是以科普影视开发为主业的；《雉鸡秘境》《蛟龙入海》《4D

---

① 国家新闻出版广电总局. 2017年电影公映许可证发放公示（国产特种片第一期）[EB/OL] [2017-10-20].http://dy.chinasarft.gov.cn/html/www/article/2017/015f37caf069233a402881a65b8b3489.html.
② 国家新闻出版广电总局. 2017、2018年电影公映许可证发放公示（国产特种片第二期）[EB/OL] [2018-03-12]. http://dy.chinasarft.gov.cn/html/www/article/2018/0162190f074912a2402881a6604a2c45.html.

海洋传奇》《熊猫滚滚——寻找新家园》是上海科技馆承担的项目。[①]
2017 年，由中国科教电影电视协会、国家新闻出版广电总局电影局主办的"科蕾杯"收到来自 65 家单位的 347 部作品。在 86 个获奖名单中，科普特种电影仅有两部，上海科技馆的 4D 电影《羽龙传奇》获特别奖。[②]

我国特效影院建设速度快，目前已成为除美国以外特效影院最多的国家。然而，国内科普特种电影创作起步晚，发展速度比较缓慢，当前放映影片主要还依靠进口，不能满足快速发展的特效影院建设和观众的需求。

（五）科普美术创作

2016～2017 年，我国科普美术的发展呈现出四个特点。一是科学与艺术相关组织活动频繁。例如，2016 年 9 月，清华大学艺术博物馆举办"对话列奥纳多·达·芬奇：第四届艺术与科学国际作品展"；2017 年 11 月，上海交通大学举办李政道科学与艺术作品展；2017 年 5 月，中央美术学院成立艺术与科技中心；2017 年 11 月，中华国际科学交流基金会成立科学与艺术委员会。二是"学院派"组织科学艺术主题的研讨，重视科普美术。2016 年，中国科普研究所启动"新媒体形势下科普美术的发展"项目，并于当年 10 月联合浙江省科学技术协会、中国美术学院召开了"新媒体形势下科普美术的发展"研讨会；2017 年 12 月，浙江大学举办"艺术与科学"高峰论坛；2017 年 12 月，四川美术学院举办"艺术与科学学术论坛"。三是科普作品形态更为多元。一方面，传统科普美术作品追求人文与精细化发展，这一特点在杜爱军与喻京川的创作中均有所体现；另一方面，新媒体科普美术越来越从传统意义上的屏幕转移到身体和微观物质层面。2016 年 9 月在北京举办的媒体艺术双年展，选取的主题是"技术伦理"，来自各国的艺术

---

① 由于科技馆属于事业单位，不能作为第一单位申请。
② 中国科教电影电视协会. 2017 年"科蕾杯"获奖名单[EB/OL] [2017-10-19] http://www.csfva.org.cn/ n12666586/n12666650/n12666800/17932845.html.

家从大数据、人工智能、虚拟现实、生物基因技术与元科学五大科技支柱等热点话题切入，充分体现出新媒体科普美术边界正在走向泛化，其内涵和外延不断变化和扩展。四是科学艺术产业起步。2017 年 11 月，中央美术学院首届 EAST-科技艺术季企业创新论坛就是产业化的一次推进。新媒体科学艺术的实践与产业化研究目前已在中央美术学院等高校中推进实施，通过筹建科技与艺术融合的创新实验室，实现产业化输出。

五、科普创作研究领域逐步拓宽，学术交流平台进一步搭建

2016～2017 年，科普创作研究呈现出历史研究与现状研究兼顾、国内研究与国外研究相结合的特点，并在学科科普创作史、科普图书分类等研究方向上取得新成果。与此同时，以学术会议和各类沙龙为主要形式的学术交流活动较以往更加频繁和活跃，发起者主要是科普作家协会组织及科学传播媒体。整体上，学术研究与交流方面有新进展，并取得了一定的成果和成效。

（一）科普创作研究领域拓展

2016 年和 2017 年，科普创作研究在以下两个方向上有新拓展和突破。

一是学科科普创作史研究。自 2016 年开始，中国科普研究所联合清华大学、中国科学院大学、北京师范大学、中国科学技术馆、中国医学科学院等，合作开展物理、化学、天文、中医学科普创作史研究。这是国内首次针对不同学科开展科普创作历史的系列研究。

二是科普图书的分类方法及数字化科普图书的提取方式。自 2016 年开始，中国科普研究所还针对科普图书的分类方法、数字化科普图书的提取方式及科普图书的市场销售情况等展开了深入研究。结合科

普图书的功能和特点，根据图书科普色彩的强弱提出了科普图书三分法，即核心科普、一般科普和泛科普。同时，与国家图书馆全国图书馆联合编目中心合作，针对数字化图书资源的特点，尝试提出了一套行之有效的科普图书提取方法——组合筛选法，并以年度为单位从全国图书馆联合编目中心的数据库中对科普图书出版的种类和数量进行权威统计。此外，还依托北京开卷信息技术有限公司的全国图书市场零售观测系统对科普图书的销售情况进行了详细统计。同时，与国家图书馆合作，研究科普图书分类方法，并对科普图书出版的种类和数量进行权威统计。

此外，科研人员参与科普创作仍然是研究关注的重点，中国科普研究所、中国科普作家协会组织开展了相关调查研究。同时，为了给国内科普创作者以创作指导，还组织翻译了美国、加拿大等国家的科学写作著作，并开展了国外科学写作组织的研究。

（二）学术交流平台增多

中国科普作家协会举办的 2017 年年会是近 20 年来国内科普创作领域最大、最具影响力的学术交流活动之一，年会主题是"繁荣科普创作 助力创新发展"。来自全国各地科普作家协会、高等院校、科研院所、期刊出版及相关媒体等的专家、学者及科普创作工作者 200余人参会，重点围绕科普产业发展、科学文艺与科幻创作、旅游科普与创作、科普教育与创作、科普编辑与出版和青年科普科幻创作等议题进行研讨。此外，2016～2017 年，第二十三届、第二十四届全国科普理论研讨会中设立分论坛研讨科普创作；第九届、第十届海峡两岸科普论坛中也将科普创作作为重要讨论议题。

2017 年，科普创作领域学术沙龙交流活跃开展。中国科普作家协会资助发起"繁荣科普创作 助力创新发展"系列沙龙，全年举办 12期逾 20 场，研讨话题领域涵盖天文学、国防军事、科普创作、科幻文学、科学教育、科幻电影、科普演讲、科普图书出版等诸多社会焦点和热点。该系列沙龙活动辐射北京市、上海市、四川省等地，参与会员逾 800 人次，聚拢了广大科普创作者、科研人员、科学家，对于加强科普创作人才培养，推动科学记者、科学家和科普工作者的跨界合作发挥了积极作用。在沙龙活动举办过程中，多家地方科普作家协会、中国科普作家协会专业委员会、出版社、科研院所等作为承办方参与。例如，2016 年 3 月和 7 月，北京科学技术普及创作协会组织了 3 场科普创作出版方面的沙龙活动，来自北京市多家高校、科研院所、出版社的科普工作者 200 余人次参加了交流。

此外，2017 年 3 月中国科普作家协会会刊《科普创作》复刊，刊登原创科普作品、作品评论及研究文章，为科普创作提供了交流平台。

六、我国科普创作事业发展存在的问题和困难

2016～2017 年科普创作领域的原有问题在逐步解决之中，与此同时，一些新问题也在形成和凸显。总体来看，我国科普创作领域存在的主要问题还是创作质量和水平问题，这是造成科普作品供给与科普事业发展需求之间的不平衡、不充分的主要原因。这一问题在以下几个方面体现得最为突出。

（一）科普图书原创水平不高

近年来，中国原创科普图书每年的出书数量并不算少，但不容忽视的是，无论是从实体书店还是网店的销售数据来看，目前市面上更受读者欢迎的科普图书仍为国外引进版。①

京东、当当、亚马逊中国三大图书网站的销售数据显示，2016 年，唯一进入京东网年度纸质畅销图书 TOP10 的科普书是引进版的，为《世界地图：跟爸爸一起去旅行（百科知识版）》；2017 年，进入京东网年度纸质畅销图书 TOP10 的科普图书有《未来简史》《中国地图：跟爸

---

① 尹琨. 哪些因素让叫得响的原创科普图书难觅踪影[N]. 国家新闻出版广电报，2018-07-11.

爸一起去旅行（百科知识版）》《人类简史：从动物到上帝（新版）》3部，其中，2部为引进版图书。2016年，原创科普图书《这就是二十四节气》和引进版图书《神奇校车·图画书版》（全11册）入围当当网纸质书畅销榜TOP10。2017年，引进版科普图书《人类简史：从动物到上帝》《未来简史》进入亚马逊中国纸质书畅销榜 TOP10。2016年和2017年，全国图书零售商平台销量的前50名只有《三体》入围，其他主要为社科、文艺和少儿类作品。^①

研究还表明，2017年，在实体店科普图书市场中，原创作品品种与引进版作品品种规模比例超过6∶4。但原创作品在科普市场以超过六成的品种，只获得大概三成的码洋，而引进自美国、英国与法国的科普图书则能够以较少的品种收获较多的码洋。^②由此可见，我国科普图书的原创水平还有待提升，尤其是精品佳作不多，造成引进版科普图书在图书市场唱主角的现象长期存在。

（二）科普图书选题失衡问题仍然存在

选题失衡是造成科普图书的创作、出版同时遭遇供过于求与供不应求的尴尬局面的主要原因。近些年来，我国科普图书创作的主题内容过多集中在医药、生活保健、农业等少数几个领域，过分关注所谓的热点，造成部分科普图书创作选题扎堆重复甚至模仿抄袭，市场过于饱和。^③第五届中国科普作家协会优秀科普作品奖征集到的311种科普图书作品中，医学、营养保健类图书近90种，且选题交叉和重复现象明显；而涉及前沿科技的作品不到 10 部。由此可见一斑。

（三）优质原创科普影视作品匮乏

当前，科普影视类作品的数量和质量都不能适应科普工作的需求。

---

① 数据来源于北京开卷信息技术有限公司。
② 尹琨. 哪些因素让叫得响的原创科普图书难觅踪影[N]. 国家新闻出版广电报，2018-07-11.
③ 此处参考中国科学技术协会徐延豪书记在中国科普作家协会2017年年会上所做大会报告《坚定文化使命，讲好科学故事，开创新时代科普创作新局面》。

例如，科普中国 2016 年和 2017 年建设了 9803 个视频资源，但是，仍存在优质原创作品少的问题，许多作品都是传统媒介内容的简单数字化，表现形式陈旧，缺乏创新和互动，未能充分利用新媒体的技术优势、体验优势。此外，在我国特种电影中，巨幕、穹幕科普电影的原创几乎还是零起点，相关产品主要依靠引进，令人担忧。

（四）科普创作队伍专兼职结构不合理

2016 年，我国共有专职科普创作人员 14 148 人，占全国科普专职人员的 6.33%，虽然较 2015 年的 6.02%略有增加，但总体规模仍然较小。[①]从国家科学技术进步奖和中国科普作家协会优秀科普作品奖的获奖作者来看，专职科普创作者占比不到一成，这都反映出我国科普创作队伍专兼职结构严重失衡的不合理现状。与此同时，虽然科学家被认为是科学传播、科普创作的最佳人选，但是由于缺乏有效的激励机制等因素，我国科学家参与科普创作的热情还不高，这也是短期内无法有效解决的问题。

七、推动科普创作繁荣发展的有关建议

科普创作涉及科学、文学、艺术、教育、出版、传媒等多个领域。推动科普创作繁荣发展，既需要系统思考、加强顶层设计，也需要多措并举，从具体工作切入。

（一）发展创作队伍，加强人才培养

科普创作是人的创造性劳动，繁荣科普创作归根结底要依靠创作人才。因此，要广开思路，多搭平台，发展和壮大科普创作人才队伍。为此，要加强两点工作。一是社会各界应加强培训，为有志新人进入科普创作领域引路、开门，为熟手在科普创作之路上实现卓越发展搭

---

① 中华人民共和国科学技术部. 中国科普统计 2017 版[M]. 北京：科学技术文献出版社，2017：11.

桥、助力，从而培育一批高水平创作人才；二是科普作家协会组织要提升自身能力，通过学术交流、创作活动、信息服务等方式服务会员，并积极发展会员，凝聚和引导广大科普创作者热心科普创作；三是要积极推进科研人员参与科普的认可机制形成，调动和吸引科研人员参与科普创作。

（二）加强精品导向，提升原创水平

目前，我国科普创作中最大的问题不是作品数量不够，而是质量和水平参差不齐，精品佳作少，切实提升创作水平是当务之急，为此，要加强科普创作的精品导向。科技界、教育界、出版界等应通过社会奖励、推介、赛事等，进一步加强对原创精品的表彰、宣传，引领广大科普创作者、出版者追求"思想深邃、艺术精湛、制作精良相统一"的科普创作新水准。此外，还应通过学术交流与研讨、创作培训等，加强科普作家的培养和锻造，为科普创作者的理论水平提升、创作技巧上台阶提供高质有效的学习和教育资源。

（三）推动设立专项基金，持续扶持科普创作

我国科普创作者中专职人员占比不足一成，当前的科普创作多是创作者的自发行为，缺乏必要的资金支持和物质保障。虽然目前我国已经设立了文学艺术类的创作基金，但是，科普创作的创作主题、创作形式等与此类基金资助要求无法吻合，得不到相应资助。相比而言，我国有更多的文学、艺术创作者能够在专项基金支持下潜心创作，因而精品佳作不断涌现。因此，建议科技、文化部门联手推动科普创作纳入国家现有文化、文学艺术专项基金资助范围，或设立专门的科普创作基金，为一部分优秀的科普创作者潜心创作出高水平的原创精品提供持续稳定的物质保障。

专题研究报告

2016～2017 年的中国科普创作政策

朱洪启　高宏斌

　　科普创作是科普的内容生产，是科普的重要基础环节。科普作品具有很高的社会价值，对于提升公民科学素质、培育科学精神，具有十分重要的作用。为了促进科普创作的发展，我国出台了系列科普创作政策。科普创作政策的主要任务是塑造良好的科普创作社会环境，促进科普作品的创作、发布与传播、应用等，从而使科普作品发挥出最高的社会价值。

一、我国科普创作政策体系日益完善

　　我国一直非常重视科普工作，中华人民共和国成立初期，《中国人民政治协商会议共同纲领》即对科普工作做出了明确的要求："努力发展自然科学，以服务于工业农业和国防的建设。奖励科学的发现和发明，普及科学知识。"之后的《中华人民共和国宪法》（1954 年、1982

　　作者简介：朱洪启，中国科普研究所副研究员，主要研究方向为农村科普、社区科普、全民科学素质行动发展战略等。在国内外学术刊物上发表论文 20 余篇，参与编写著作多部。

　　高宏斌，中国科普研究所科普理论研究室副主任、副研究员，主要研究方向为科普基础理论、公民科学素质、科学教育、基层科普、科普创作、科普人才等。以独立作者或第一作者身份发表研究论文 40 余篇，多数为中文核心期刊论文、SCI 收录论文和 EI 收录论文；参与出版著作 30 余部。

年)、《中共中央关于社会主义精神文明建设指导方针的决议》(1986年)、《中华人民共和国科学技术进步法》(1993年)都对科学技术普及做了相应的规定,这都为科普工作提供了重要的制度保障,当然,也有力地促进了科普创作的发展。但这一时期专门针对科普创作的法规、政策较少。

1994年12月,中共中央国务院发布了《关于加强科学技术普及工作的若干意见》,这是党中央国务院改革开放新时期发展科普事业的重要文件。该文件强调,科学技术普及工作是普及科学知识、提高全民素质的关键措施,是社会主义物质文明和精神文明建设的重要内容,也是培养一代新人的必要措施。该文件对繁荣科普创作进行了强调,指出要进一步创造环境和气氛,使专业科普工作者和其他科技工作者从事科普工作的劳动成果得到应有的承认;同时要在工作、生活、进修、奖励、职称等方面给予适当的倾斜,以稳定队伍,繁荣创作。并指出,对科普报刊图书、科普影视声像作品的创作与发行,应给予扶植。

《国家科技进步奖科技著作评审工作暂行规定》(国科发奖字〔1997〕162号)将科普图书纳入科技奖励范围,并明确了科普类图书的内涵及科普专著、教材、图书的评奖条件,科普创作及科普作品的奖励制度由此有了明确的制度保障。

2002年,《中华人民共和国科学技术普及法》(以下简称《科普法》)的颁布与实施,为科普创作提供了更加明确具体的法律保障。《科普法》第十六条规定:"新闻出版、广播影视、文化等机构和团体应当发挥各自优势做好科普宣传工作。综合类报纸、期刊应当开设科普专栏、专版;广播电台、电视台应当开设科普栏目或者转播科普节目;影视生产、发行和放映机构应当加强科普影视作品的制作、发行和放映;书刊出版、发行机构应当扶持科普书刊的出版、发行;综合性互联网站应当开设科普网页;科技馆(站)、图书馆、博物馆、文化馆等文化场所应当发挥科普教育的作用。"这一规定以法律的形式明确了新闻出版、广播影视、文化等机构和团体发挥各自优势做好科普宣传工作的法律义务；明确了综合类报纸、期刊、广播电台、电视台传播科普作品的义务；明确了影视生产、发行和放映机构应当加强科普影视作品的制作、发行和放映的义务；明确了书刊出版、发行机构扶持科普书刊的出版、发行义务；为科普作品的创作和传播提供了直接具体的法律保障。《科普法》第二十九条规定："各级人民政府、科学技术协会和有关单位都应当支持科普工作者开展科普工作，对在科普工作中做出重要贡献的组织和个人，予以表彰和奖励。"这就明确了科普奖励、表彰制度，为科普作品和科普创作者获奖提供了法律依据。

为使国家科普税收优惠制度能够切实实施，财政部、国家税务总局、海关总署、科学技术部、新闻出版总署于 2003 年 5 月联合发布了《关于鼓励科普事业发展税收优惠政策问题的通知》，科学技术部、财政部、国家税务总局、海关总署、新闻出版总署颁布实施了《科普税收优惠政策实施办法》，这两个部门规章对我国科普出版的税收优惠制度做了初步安排，这对科普创作和科普作品传播是一个极大的激励。

2006 年出台的《国家中长期科学和技术发展规划纲要（2006—2020年）》对科普创作也非常重视，提出要繁荣科普创作，打造优秀科普品牌；鼓励著名科学家及其他专家学者参与科普创作；制定重大科普作品选题规划，扶持原创性科普作品。

以上政策法规，基本构筑了我国科普创作政策体系，涉及科普作品的创作、发行、应用等环节，为我国科普创作的发展提供了重要的制度支撑。与此同时，随着我国科普创作事业的发展，科普创作政策不断纳入新的政策议题，关注科普创作实践中的新动向，有针对性地推动我国科普创作的发展。

二、《全民科学素质行动计划纲要（2006—2010—2020年）》的实施加速发展并细化了我国科普创作政策体系

2006 年国务院发布实施了《全民科学素质行动计划纲要（2006—

2010—2020 年）》（以下简称《科学素质纲要》），这是我国公民科学素质建设的纲领性文件，有效地推动了我国公民科学素质建设步入全面提速的新阶段。《科学素质纲要》全面规划了我国公民科学素质建设，是我国公民科学素质建设的指挥棒。《科学素质纲要》的重要工程"科普资源开发与共享工程"的重要任务是，引导、鼓励和支持科普产品与信息资源的开发，繁荣科普创作。围绕宣传落实科学发展观，创作出一批紧扣时代发展脉搏、适应市场需求、公众喜闻乐见的优秀作品，并推向国际市场，改变目前科普作品"单向引进"的局面。并提出，要建立有效激励机制，促进原创性科普作品的创作等。《科学素质纲要》的另一个重要工程"大众传媒科技传播能力建设工程"中，围绕大众传媒科普作品的创作与传播，也做出了全面的规定。

《科学素质纲要》中，科普创作的范围已得到大大地扩展，科普作品已从传统的科普图书、科普文章等扩展到了科普节目、科普展品、科普展览、科普游戏等，从而使得科普创作的内涵更加丰富。科普创作政策的作用也从激发创作者的积极性扩展到涉及创作、传播、使用等多个环节的社会环境的综合调节功能。

2007 年，科学技术部、中共中央宣传部、国家发展和改革委员会、教育部、国防科学技术工业委员会、财政部、中国科学技术协会、中国科学院发布实施《关于加强国家科普能力建设的若干意见》（国科发政字〔2007〕32 号），将繁荣科普创作、大力提高我国科普作品的原创能力作为加强国家科普能力建设的主要任务之一加以部署。强调要推动科普作品创作工作，鼓励原创性优秀科普作品不断涌现。要推动全社会参与科普作品创作，既要引导文学、艺术、教育、传媒等社会各方面的力量积极投身科普创作，又要鼓励科研人员将科研成果转化为科普作品。要采取多种形式，建立有效激励机制，对优秀科普作品将给予支持和奖励。要把科普展品和教具的设计制作与研究开发作为科普作品创作的重要内容。针对科普场所建设和中小学校科技教育的现状及需求，重点开展科普展品和教具的基础性、原创性研究开发。这些措施在《科学素质纲要》的基础上，对科普创作政策进行了进一步的细化。

三、我国科普创作政策体系不断创新

随着新一代信息技术的发展和广泛应用，及互联网、移动互联网的发展，公众获取科学知识的途径和渠道发生了巨大变化，科学技术普及从主体、客体、渠道到内容、传播机制等正在发生革命性的变革。信息化时代的科普创作，已不同于传统意义上的科普创作，科普创作与传播的模式、机制、形式等都不同于以前，信息化开启了一个科普创作的新时代。

2016 年，国务院办公厅发布了《全民科学素质行动计划纲要实施方案（2016—2020 年）》，将繁荣科普创作作为实施科普信息化工程的重要内容，强调支持优秀科普原创作品与科技成果普及、健康生活等重大选题，支持科普创作人才培养和科普文艺创作。大力开展科幻、动漫、视频、游戏等科普创作，推动制定对科幻创作的扶持政策，推动科普游戏开发，加大科普游戏传播推广力度，加强科普创作的国际交流与合作。并强调，要推动图书、报刊、音像电子、电视等传统媒体与新兴媒体在科普内容、渠道、平台、经营和管理上深度融合，实现包括纸质出版、网络传播、移动终端传播在内的多渠道全媒体传播。

2016 年 7 月，国务院发布《"十三五"国家科技创新规划》，在加强国家科普能力建设的部署中强调要发挥新兴媒体的优势，提高科普创作水平，创新科普传播形式。在提升科普创作能力与产业化发展水平的部署中强调要加强优秀科普作品的创作，推动产生一批水平高、社会影响力大的原创科普精品。开展全国优秀科普作品、微视频评选推介等活动，加强对优秀科普作品的表彰、奖励。

全国各省（自治区、直辖市）都发布了当地的《全民科学素质行动计划纲要实施方案（2016—2020 年）》。各地普遍强调支持优秀科普原创作品的创作，并尤其强调，大力开展科幻、动漫、视频、游戏等科普创作，生产适合多渠道全媒体传播推广的科普作品，强调科普与艺术、科普与人文的融合。总之，在信息化环境下，生产适合全媒体传播推广的科普作品，是当前科普创作的大趋势。

信息化对科普的影响是全方位的，不仅仅是渠道与媒介的变化，而且涉及科普内容、表达形式、传播方式等各领域的变化，同时，也是一种理念的变化，会促发科普机制与体制的变革。科普信息化视域下的科普创作，也完全不同于以前的科普创作。基于互联网的线上创作，更加灵活，对传统的科普创作产生了很强的冲击。当前，科普创作主体多元化，科普作品的形式多元化，科普作品的表达形式更加灵活与多样。科普创作正经历着多元化背景下的繁荣与发展。在这一背景下，如何创新政策体系，促进信息化背景下的科普创作，是这一时期科普创作政策的核心议题。面临信息化时代的到来，科普创作政策的最显著特点就是创新。紧跟时代发展的步伐，紧跟科普创作领域的新动向，及时创新理念，及时出台相应政策。

四、对我国科普创作政策的思考

在系列科普创作政策的推动下，我国的科普创作事业发展较快。从现有统计数据来看，以科普图书为例，2006 年全国共出版科普图书 3162 种，发行量达到 4922.30 万册。[①] 2016 年，全国共出版科普图书 11 937 种，发行量达到 1.35 亿册。[②] 另外，按照《中国科普统计》中对科普创作人员的定义，科普创作人员包括科普文学作品创作人员、科普影视作品创作人员、科普展品创作人员和科普理论研究人员等。从专职科普创作人员的数量来看，2006 年全国共有专职科普创作人员

---

① 中华人民共和国科学技术部. 中国科普统计 2008 年版[M]. 北京：科学技术文献出版社，2008：66.

② 中华人民共和国科学技术部. 中国科普统计 2017 年版[M]. 北京：科学技术文献出版社，2017：76.

8665 人[①]，2016 年全国共有专职科普创作人员 14 148 人[②]。中国科学技术协会大力推动发展科普信息化工作，推动信息化环境下的科普创作，科普中国已发展为科普信息化的重要品牌。截至 2018 年 1 月底，科普中国各栏目（频道）累计建设科普信息内容资源 15.74TB，科普图文 179 490 篇、科普视频（动漫）12 105 个、科普游戏 157 款，全景拍摄基地数 1047 个。截至 2018 年 1 月底，科普中国累计浏览量和传播量达 174.32 亿人次，其中移动端为 128.5 亿人次，占比 74%。[③]

影响科普创作的因素有很多，最核心的因素是人才。因此，科普创作政策的最终目标是人，是科普创作者，科普创作政策的作用是为科普创作提供较好的社会环境，提升科普创作者的积极性，促进更多的科普创作者涌现出来。科普创作是一项极具个人特色的智力创新活动。随着时代的发展，尤其是进入信息化时代后，科普创作的媒介与形式越来越多样化，科普创作主体也呈现出多元化的格局，在这一形势下，科普创作政策应更进一步关注如何精细化，针对某类创作者与某种媒介的科普作品，加强促进与引导。

① 中华人民共和国科学技术部. 中国科普统计 2008 年版[M]. 北京：科学技术文献出版社，2008：12.

② 中华人民共和国科学技术部. 中国科普统计 2017 年版[M]. 北京：科学技术文献出版社，2017：11.

③ 中国科学技术协会. 科普信息化工作月报第 10 期[EB/OL] [2018-01-31]. http://www.cast. org.cn/ n200750/n203905/n204030/c57898216/content.html.

2016～2017 年的中国科普创作奖项与赛事①

张志敏

科普创作能够为科学普及提供内容资源。繁荣科普创作，为科普事业发展注入源头活水，需要营造具有激励性的良好社会环境。而由政府部门和机构、社会组织等设立的各类社会奖项（含奖励和推荐、推介）和组织开展的各类赛事，则是调动创作积极性、激发创造性、引导科普作家多出精品佳作的重要手段。

本文是对 2016～2017 年我国科普创作领域①社会奖项和各类赛事的分析与研究。

一、政府奖励与社会奖励并行，激励科普创作

（一）政府部门设奖级别高、影响大

1. 国家级、省级政府科技奖励表彰科普创作

国家科学技术进步奖和省级科技奖都是政府设奖，级别高、地位

作者简介：张志敏，博士，中国科普研究所副研究员，中国科普作家协会副秘书长，主要研究方向为科普创作、科普评估和科普活动等。近年来，公开发表研究论文和报告 40 余篇，参编著作 10 余部，主要著作有《科普活动概论》（合著）、《珍宝宫：伊丽莎白时代的伦敦与科学革命》（合译）、《科普监测评估理论与实务》（副主编）等。

① 由于科幻创作相关设奖和赛事在本书另有其他文章讨论，故本文不再赘述。

高、声望高，是官方对科普创作的最高认可，物质奖励和精神奖励并重，因而备受瞩目，激励作用明显。2016年和2017年，国家科学技术进步奖二等奖共表彰了 7 部科普图书和 2 部科普影视作品。与此同时，省级科技奖项在表彰科普作品方面有新突破。2016 年以前，只有上海市、重庆市的科学技术进步奖表彰科普作品；自 2016 年开始，北京市科学技术奖、山西省科学技术进步奖开始表彰科普作品；2017 年，江苏省科学技术奖也加入这个行列。据统计，2016 年和 2017 年两年间，北京市、上海市、山西省、重庆市、江苏省等地的政府科技奖励在二等奖、三等奖中表彰科普作品达 16 部，含 12 部图书作品和 4 部影视作品。例如，2017 年，北京科学技术奖三等奖奖励 1 部科普图书，上海科学技术进步奖二等奖奖励 1 部科普图书、1 档电视节目和 1 部影视作品。①

2. 科学技术部推荐全国优秀科普作品

2016 年、2017 年，科学技术部继续开展全国优秀科普作品推荐活动，主要推荐中文科普图书，包括原创、译著和再版图书。2016 年，《十万个为什么（第六版）校园经典》《爱问少年百科系列》等 50 种图书入选，含 6 种引进版图书；2017 年，《鸟国拾趣》、"改变世界的科学"丛书等 50 种图书入选，含 15 种引进版图书。这是继该项活动 2011 年首次开展以来进行的第五次和第六次推荐评选活动，社会影响比较广泛。

3. 国家新闻出版广电总局向青少年推荐百种优秀出版物中设立科普类别

2016 年，国家新闻出版广电总局向青少年推荐的百种优秀出版物中，科学普及、百科知识类图书有 18 种②，如《博物人生》《我是碳》《你想都想不到的 200 个科学谣言》等。其中，14 种为原创图书，另有 3 种引进自美国，1 种引进自以色列。2017 年入选的科学普及、百

---

① 以上数据依据国家科学技术进步奖和各省科技奖励名单整理。
② 国家广播电视总局. 关于 2016 年向全国青少年推荐百种优秀出版物并开展相关读书活动的通知[EB/OL]. [2016-07-05]. http://www.sapprft.gov.cn/sapprft/contents/6588/300503.shtml.

科知识类图书有 15 种，全部为原创图书，《从杨振宁到屠呦呦：科学天空里的华人巨星》《给孩子讲量子力学》等榜上有名[①]。

除上述专门奖励外，"三个一百"原创图书奖、中国政府出版奖等重要图书出版评奖虽未将科普类作品单列一类，但历次评选都会有一定比例的科普作品入选。

（二）社会组织设奖种类多、覆盖广

现阶段，我国的科普创作奖励从数量上讲以社会力量设奖为主，包括专项科普创作奖励和科技奖励中的科普类奖励，它们的兴起和发展，极大地丰富了我国科普创作奖励体系。2016 年、2017 年，我国社会力量设立的科普创作相关奖项中，4 项由全国学会设立，2 项由基金会设立，1 项由国家级事业单位设立。其中，含科普创作专门奖 3 项，行业科技奖励中设立的科普奖 3 项及综合图书评奖中的科普图书类 1 项。

1. 学会设立的奖项

（1）第四届中国科普作家协会优秀科普作品奖

2016 年，第四届中国科普作家协会优秀科普作品奖评选活动举办。中国科普作家协会优秀科普作品奖是 2008 年经国家科学技术奖励工作办公室批准设立的省部级奖励，两年评选一次，表彰奖励全国范围内以中文或国内少数民族语言创作的优秀科普作品的作者和出版机构，鼓励原创作品。该奖项第一、第二、第三届评选分别于 2010 年、2012 年、2014 年开展。

2016 年，第四届中国科普作家协会优秀科普作品奖评选活动共征集到参评图书作品 345 种，科普影视动漫类评选作品 84 部。经过评选，有 25 种科普图书、6 部科普影视动漫作品荣获金奖；48 种科普图书、12 部科普影视动漫类作品荣获银奖。这是国内级别最高、影响最广泛的科普创作专项奖励之一，获得特别奖和金奖的科普作品有机会被推荐参

---

① 国家广播电视总局. 2017 年向全国青少年推荐百种优秀出版物公示[EB/OL] [2017-05-22]. http://www.sapprft.gov.cn/sapprft/contents/6587/333993.shtml.

评国家科学技术进步奖。

（2）少数行业科技奖励中设科普类奖，表彰科普创作

近年来，有少数自然科学学会设立的行业科技奖励开始单设科普类别，科普作品纳入表彰范围。比如，中国林学会所设的梁希科普奖于 2012 年开始增设科普作品表彰；中华医学会设立的中华医学科技奖、中国环境科学学会设立的中国环境保护科技奖励分别自 2009 年和 2015 年开始增加科普类别，表彰科普创作。2016 年和 2017 年，中国环境保护科学技术奖评选出科普作品 2 部；中华医学科技奖评选出科普作品 3 部。2017 年，中国林学会组织开展的第六届梁希科普奖评选出获奖科普作品项目 11 项。

2. 基金会设立的科普创作奖项

在我国，基金会设立奖项表彰科普创作还处于起步阶段，数量十分稀少。目前，大陆仅有 2014 年成立的王麦林科学文艺创作奖励基金资助设立了王麦林科学文艺创作奖，两年评选一次。另外，台湾吴大猷基金会设立的吴大猷科学普及著作奖也评选大陆地区出版的科普图书。

2016 年 12 月，第二届王麦林科学文艺创作奖由著名科普、科幻和传记文艺作家叶永烈获得。2017 年，叶永烈先生将所获得的全部奖金又捐给王麦林科学文艺创作奖励基金，继续支持科普创作事业发展。2017 年 7 月，第八届吴大猷科学普及著作奖评选结果颁布。该奖项从大陆地区共征集到的 262 种著（译）作中，评选出原创类和翻译类科普书的金签奖、银签奖共 4 种，佳作奖 15 种和青少年组特别奖 2 种。中国科学报社负责大陆地区的图书申报和初评、复评工作，大陆著作复评委员会由刘嘉麒、欧阳自远、夏建白、欧阳钟灿、周忠和五位院士和清华大学教授刘兵、北京师范大学教授刘孝廷组成。

3. 国家图书馆文津图书奖

文津图书奖是由国家图书馆设立的奖项，属于社会力量设奖，首届评选始于 2004 年，每年评选一次，评选范围包括哲学社会科学类与

自然科学类的大众读物。由于国家图书馆在文化领域的较高声誉，加上该奖项良好的连续性、评奖范围的文理兼具和有力的奖项宣传，其评出的科学类大众读物在科普创作领域普遍具有较高的公信力。2016年和2017年，第十一、第十二届文津图书奖共评选出科普类推荐图书27种，但是原创图书比例较低。2016年上榜的15种图书中，引进图书有11种；2017年原创图书比例略有提高，但12种上榜图书中，原创作品也只占到一半。

除上述奖励之外，2016~2017年，山东省、江苏省、四川省等地的科普作家协会也举办了优秀科普作品评选活动。中国核学会举办了首届中国核科普奖评选活动，对促进地区和行业内的科普创作起到积极作用。

二、2016~2017年科普创作领域相关赛事

近些年来，随着全社会对科普创作重要性的认识逐步加深，社会上多方力量都开始尝试通过举办比赛的方式来发现科普创作人才和优秀作品，促进科普创作发展。2016~2017年，全国多地、多部门和机构组织开展了科普创作赛事。这些赛事物质奖励与精神奖励并重，社会发动面广，成为科普资源征集的有效渠道，也发现了一大批优秀科普创作人才，有力地推动了科普创作事业发展。

（一）具有鲜明行业特色的科普创作赛事

由各学会、行业协会主办的科普创作赛事，关注本行业、本领域的科学知识传播、科普资源采集，对促进行业科普具有重要的推动作用。其中，环保、健康、医学等与公众需求和社会需求贴合紧密的领域较为活跃。

1. 2016~2017年科普作品创作大赛

2016~2017年科普作品创作大赛由中国微米纳米技术学会与中国

科学技术协会科普部联合开展。大赛主题为"微纳技术让生活变更好"，提倡结合身边的微米纳米技术应用展开创作，面向中国微米纳米技术学会会员、从事微米纳米技术研究的企事业单位相关技术人员、从事高科技推广的科普工作者、微纳米技术相关期刊的编审人员进行参赛作品征集。本次赛事征集的作品不同于传统意义上的科学文艺作品，而侧重于科普创意产品，如 MEMS/NEMS 应用、穿戴设备、微流体、微循环、纳米材料、纳米器件、3D 打印的科普作品。大赛同时也征集 Web 动画类作品，以动画、科普游戏为主。

大赛设有物质和精神双重激励，是科普中国征集科普资源的一项具体举措，所征集的优秀作品在网络和线下活动中予以充分利用。

2. "我身边的化石"科普创作大赛

2017 年，国际古生物协会（IPA）将每年 10 月 11 日定为"国际化石日"，并号召各地举办丰富多彩的纪念活动，来推动公众对古生物化石和生命演化知识的了解，提升保护珍贵化石遗产的意识。为了响应这个倡议，中国古生物学会主办了首届"我身边的化石"科普创作大赛，在全国分多个赛区开展，面向全体公众，并以化石爱好者、青少年学生为主要目标人群。大赛的参赛作品形式包括但不限于摄影摄像、绘画动画、科普文章和化石故事创作、创意设计（模型）等，共收到来自全球的参赛作品 1320 件[①]，社会影响广泛。

3. 大学生病毒性肝炎防治科普创作大赛

2016 年 7 月，中华预防医学会和人民网联合主办 2016 年大学生病毒性肝炎防治科普创作大赛，北京大学公共卫生学院和厦门大学公共卫生学院具体承办。这次赛事的主题为"肝炎防与控，青年在行动"，面向全国大学生征集微电影、卡通漫画、主题海报等各类科普作品，设有丰厚的奖金。以微电影类为例，一等奖 1 名，可获得 5000 元，二

中国科普创作发展研究 2018

① 化石网. 中国古生物学会公布首届"我身边的化石"科普创作大赛获奖结果[EB/OL]
[2018-02-14]. http://www.uua.cn/show-8-8490-1.html.

等奖 2 名，各可获得 3000 元，三等奖 3 名，各可获得 2000 元；并设最佳剧本奖、最佳人气奖、最佳导演奖各 1 名，奖金 1000 元。

4. 心环保，新生活——环保科普创意大赛系列活动

2016 年和 2017 年，中国环境科学学会与中国光大国际有限公司举办心环保，新生活——环保科普创意大赛系列活动，其中包括三项科普创作比赛：环保科普创意漫画、动画和微视频征集活动和环保科普创意海报征集活动，面向全社会专业人士开展；青少年环保科普绘画（插画）大赛及征文活动面向全国中、小学生征集环保主题绘画、文学作品。该项赛事对优胜作品给予奖金、证书或奖品多重激励，奖金最高达 1 万元。青少年环保科普绘画（插画）及征文的作品择优在《环境与生活》等杂志刊登。

5. 2017 全国林业科普微视频大赛

2017 全国林业科普微视频大赛活动由中国林学会、中国生态文化协会生态文化宣传教育分会主办。大赛征集四类作品：①微电影：根据真实故事，讲述与林业有关的人和事，弘扬行业精神，展现人性光辉；②微纪录片：真实记录并反映行业某个切面的状态，或者某个人物及事件，留存行业史料；③工程宣传片：典型林业工程宣传片，特别是保护森林、湿地、生物多样性和防治荒漠化等方面的相关视频；④公益广告：面向公众的林业科普、科教及纯视觉的广告短片，让公众了解森林。

此次大赛的获奖作品由中国林学会颁发证书和奖品。优秀作品将优先参加梁希科普奖评选活动；优先推荐参加科学技术部全国优秀科普微视频大赛、全国优秀科普作品奖评选等活动。

6. 首届全国医疗器械科普创作竞赛

2016 年，国家食品药品监督管理总局新闻宣传中心、中国医药新闻信息协会联合开展首届全国医疗器械科普创作竞赛。这次大赛覆盖全国范围内的食药监系统、医疗机构、大专院校师生、医疗器械生产经营企业、文化传播公司、媒体等，参赛者可以单位名义参加，也可

以个人和小组身份参赛。参赛作品形式有两种，即视频类和 H5 作品（可含互动游戏），要求参赛者围绕给定的若干医疗器械相关选题进行创作。

7. 安全用药科普作品创作大赛

2017 年，江苏省食品药品监督管理局联合新华网江苏举办 2017（江苏）安全用药科普作品创作大赛，旨在推进药品安全科普宣传工作，提高公众安全用药意识和水平。大赛主要面向江苏省各级食品药品监管部门干部职工、新闻媒体记者、社会热心人士，参赛作品类型包括海报（漫画）、微视频、H5 作品。大赛对获奖者给予物质奖励。

（二）新媒体科普创作赛事

随着数字技术发展，科学的传播越来越依赖于新媒体手段和新媒体科普作品。近两年举办的科普创作赛事中，新媒体特征凸显。一方面，几乎全部的赛事都涉及科普视频类的新媒体作品的征集和评选；另一方面，一部分赛事专门进行新媒体作品征集与评选。

1. 全国科普微视频大赛

2016 年和 2017 年，科学技术部、中国科学院联合开展了全国科普微视频大赛。这项赛事主要征集和评选时长为 2～5 分钟的原创微视频作品，包括纪录短片、DV 短片、视频剪辑、动画、动漫等。作品主题宽泛，可围绕普及科学知识、传播科学思想、倡导科学方法、弘扬科学精神、繁荣科普创作、推动科技创新创业、推动信息化建设进行创作。

全国科普微视频大赛主要由各地科技部门推荐参赛作品，要求参赛作品应在省级、省会城市电视台或国内主流网络平台、具有广泛影响的专业网站播出过，并强调原创性。该项赛事的作品征集与评选主要服务于当年的全国科普周活动开展，是遴选优质科普资源的有效举措。

2. 北京科普新媒体创意大赛

北京科普新媒体创意大赛的前身是 2007 年北京科普动漫创意大赛，2013 年为适应科普信息化发展趋势和潮流而升级，是挖掘和培养科普创作人才、汇聚信息化科普资源的重要渠道和手段。

大赛主题是"科技让生活更美好"。2016年赛事以"航空航天创想未来"为年度主题，号召广大公众来呈现国内外航天成就，畅想未来航天科技；2017年赛事以"智慧城市 梦想生活"为年度主题，彰显日新月异的现代科学技术的广泛应用。

2016年，大赛在以往征集科普动漫作品、科普交互作品基础之上，增加三个新类别：星空摄影作品，包括静态照片和延时摄影视频；"飞向太空"主题海报设计作品；科普表演作品，包括科普剧、实验秀、相声小品、脱口秀等。累计征集作品近3万件，内容涉及生态、环保、航天、卫生、交通、避险等多个领域；5个作品类别共设置24个奖项，奖励256名选手或单位。

2017年，大赛设立科普动画、科普漫画、科普交互、科普剧本、科普微拍5个作品类别，奖项包括综合类奖项、专项奖、优秀奖和组织奖等29个。针对专业人士和大学生设立了最佳创意奖、最佳导演奖、最佳公益奖、最佳编剧奖、最佳青年新锐奖等奖项，此外，还特别针对中小学生设立了最佳科普新锐奖、最佳科普创意奖等奖项。

3. "山东科协星"杯科普动画公益广告大赛

2016年和2017年，山东省科学技术协会联合山东广播电视台主办两届"山东科协星"杯科普动画公益广告大赛，面向全国高校、科研单位、动漫基地、企业、出版机构及其他单位或个人，征集评选创作科普类的动画、公益广告和微电影作品。该赛事2012年首次举办。

2016年，该大赛共征集到参赛作品300余部，评选出24部优秀作品，其中，《抗生素，你吃了吗？》《红树林预警机制》2部作品获得一等奖。大赛奖金丰厚，当年单项最高奖金达8000元。2017年，大赛征集范围包括低碳生活、防灾减灾、生态环保、节能减排、安全生产、生命健康、食品安全、航空航天、农业发展及其他自然科学等方面的优秀科普作品，设奖项38个。

（三）面向青年的科普创作赛事

一些科普创作比赛专门面向在校大学生等青年人群开展，挖掘青年科普创作人才。

1. 全国青年科普创新实验暨作品大赛

全国青年科普创新实验暨作品大赛自 2013 年起由中国科学技术协会、共青团中央主办。2016 年，大赛继续围绕"节能、环保、健康"三大主题开展，分为"创意作品"及"科普实验"两个单元，全方位考察青年学生"发现问题、解决问题及动手操作"的综合能力。其中，在"创意作品"单元中，参赛作品的形式包括视频类科普作品。

2. 山东省大学生科普创作大赛

2016 年和 2017 年，山东省大学生科普创作大赛连续两年举办。这项赛事是山东省大学生科技节的组成部分，山东省高校在校大专生、本科生、硕士研究生可参赛。2016 年的比赛由山东省科普创作协会举办，主题为"科普·让生活更美好"；2017 年的比赛由山东省科学技术协会联合中共山东省委高校工委、共青团山东省委等 7 家联合主办，主题为"科学改变生活"，山东省科普创作协会具体承办。

科普文学类作品是 2016 年、2017 年科普创作比赛的核心内容，含科普小说（含科幻小说、科普童话、科普故事等），科普诗歌，科普散文，科普剧（含科普小品、相声、小舞剧、音乐剧等）；而 2016 年所设的科普艺术设计类的作品，如绘画、雕塑、漫画、插图、书籍装帧、招贴等在 2017 年不再保留。这项大赛以精神奖励为主，没有物质奖励。

（四）地方科学技术协会组织主办的科普创作赛事

2016～2017 年，各地、各级科学技术协会主办的科普创作比赛也十分活跃，在赛事范围、规模、内容、形式方面有同有异。

1. "和院士一起做科普"：年度科普创客大赛

2016 年和 2017 年，北京市科学技术协会指导主办年度科普创客大赛，蝌蚪五线谱网站、中国科普作家协会、北京科学技术普及创作协会是主办单位。活动内容包括作品征集、科创集训、科研基地考察实习等，重心是评选"年度十佳新锐科普创客"。大赛征集科普文章、科普图片、科普视频三类作品。科普文章不限体裁，含诗歌、新闻、微小说等3000字以内作品；科普图片为静态图片，含漫画、插图、摄影、创意设计等；科普视频为动态视频，含微视频、微电影、动画视频等。

这项大赛的奖励设置体现了科研资源与科普创作的结合。经过专家评审团综合评比和网友投票，最终评出年度"十佳新锐科普创客"获得者，可以获得到神秘科研高地科考实习、就业的机会，还可获得最高达1万元的奖金。

2. 广东省科普作品创作大赛

2016年、2017年，广东省科学技术协会、科学技术厅、教育厅联合举办第十、第十一届广东省科普作品创作大赛。大赛内容各年度有不同侧重，第十届为科普微视频创作大赛，征集评选1～5分钟的纪录短片、DV短片、视频剪辑、动画、动漫作品；第十一届为平面科普作品创作大赛，征集评选科普诗文和科普书画作品。大赛物质奖励与精神奖励并重，连续性好，社会影响广泛。

3. 江苏科普公益作品大赛

2016年和2017年，江苏省委宣传部、省科学技术协会等联合主办第二、第三届江苏科普公益作品大赛。2017年的大赛主题为"科技改变生活"，要求参赛者围绕节约能源资源，保护生态环境；保障安全健康，促进创新创造进行创作。参赛者可以是影视制作机构、传媒公司、高等院校、科技工作者，也可以是中专院校、中小学生等群体。征集作品形式多样化，专业组包括视频类、音频类、平面设计、摄影、创意产品；青少年组则主要为科幻绘画、创意产品。大赛奖金丰厚，例如，专业组视频作品设一等奖一名，奖金高达2万元。

4. 2017年首届"丝绸之路"全国科普作品征集大奖赛

2017年，甘肃省科学技术协会和《知识就是力量》杂志社联合开展全国优秀科普作品征集评比活动。这项赛事征集四类作品：科普文章（800～5000 字）、科普图片、科普视频（3～10 分钟）和科普图书。此项赛事亦奖金丰厚，一等奖高达 5000 元。

5. 首届宁夏科普作品创作与传播大赛

2017 年，宁夏科学技术协会组织开展首届宁夏科普作品创作与传播大赛，面向全国征集平面作品类、文案作品类、音频作品类、视频作品类 4 个类型的原创科普作品。赛事奖金视频类最高达 2 万元。

6. "良春杯"常州市科普创作大赛

2016 年和 2017 年，常州市科学技术协会、市文联共同举办第七、第八届"良春杯"常州市科普创作大赛，常州市科普创作协会是承办单位之一。参赛作品类别广泛，涵盖各类科学文艺作品和舞台剧等艺术作品，并评选 5 分钟以内的 Flash 动画、二维、三维动画作品。大赛引入企业冠名机制，为奖金及评奖经费提供了有力保障，因而连续性较好。

三、2016～2017 年科普创作社会奖项与赛事的发展特点

分析来看，2016 年和 2017 年，我国科普创作领域的奖励和赛事的发展体现出以下几方面的特点。

（一）政府奖励有增长点

在国家科学技术进步奖的示范下，在地方科协组织的推动下，2016年和 2017 年，省级科技奖项在表彰科普作品方面有了新发展。两年间，北京市、山西省、江苏省的科技奖励都开始增设科普类别，奖励科普创作，为地方科普创作的发展营造了有利的激励环境，同时也必将带动更多地方的政府科技奖励加强对科普和科普创作的表彰。

（二）社会奖励运行良好

虽然社会奖励在这两年间没有数量和种类上的明显增加，但是由学会、基金会、事业单位等社会力量设立的科普创作奖励都保持了较

好的连续发展。因而，也进一步保持了我国社会力量设奖主体多元、专业奖与非专业奖结合的格局。

（三）各类赛事举办活跃

科普创作的各类赛事十分丰富，并呈现出地域分布广、行业覆盖面大、社会动员力强等显著特征。其中，科协组织及全国学会是主要发起和主办力量，并逐步与相关文化、宣传、教育部门形成联合之势。此外，新媒体科普作品成为各类赛事的重要内容。这些赛事既实现了发掘、激励优秀科普创作人才的功能，也切实服务了科普资源的征集和储备。

（四）科普创作奖励与赛事有效互补

以我国科普创作奖励现有的数量、类别及奖励范围和力度来看，无法实现全面激励科普创作。而一项规范的奖励设立需要特定的标准、条件，并不容易操作。在这种情况下，多样化的科普创作赛事就与科普创作奖励形成有效互补，丰富了科普创作的激励体系。同时，科普创作奖励主要评选科普图书和影视作品，而各类赛事主要评选短篇幅的图文和音视频作品，这构成了另一个层面的互补。

（五）科普创作奖励内部、赛事与奖励之间互动良好

与此同时，现有科普创作奖励内部、奖励与赛事之间也能够通过逐层筛选的方式形成有效互动。例如，省级科技奖励获奖科普作品、中国科普作家协会优秀科普作品奖获奖作品的评选及行业科学技术奖励表彰的科普作品，都能够为国家科学技术进步奖的评选遴选出优秀作品。而各类赛事的举办，也必将为相应的科普创作奖励发现优秀作品。

四、推动我国科普创作奖励与赛事发展的对策建议

（一）存在的问题

当前，我国的科普创作奖励体系虽然已经初步建立，在稳定性、

包容性、覆盖能力方面取得较大发展，但总体上还不能适应科普创作和科普事业发展的需求，尤其是行业科普创作和地方科普创作发展的需求。存在的问题和不足主要表现为以下几个方面。

一是省级政府奖励有待全面铺开。省级政府科技奖励中的科普奖是对各地方科普创作的最有效激励。在我国科普创作相对繁荣的地方，如北京市、上海市、山西省、江苏省、四川省等都在地方科技奖励中表彰科普作品。但是，更多的地方还没有迈出这一步，没有充分发挥科技奖励对科普事业和科普创作的激励作用。因此，省级政府科技奖励对科普创作的激励有待全面铺开，以促进政府奖励体系在全国范围内的平衡发展。

二是行业奖励有待进一步发展。各行各业，尤其是自然科学领域的科普创作都应该得到充分发展。但目前在行业科技奖励中设立科普类奖励、表彰科普作品的还是凤毛麟角，不利于行业科普创作发展。

三是社会力量设奖可持续发展难。社会科技奖励的公益属性与奖项品牌建设和传播所需的大量资金支持之间存在难以调和的矛盾。通常，只有一部分行业协会可凭借行业内的企业赞助经费筹集组织奖励所需的办公经费和奖励经费，但对于科普创作这样的弱盈利行业来说，筹集奖金一直是难题，成为奖项可持续发展的掣肘。

（二）对策建议

提高质量、减少数量、优化结构、规范程序是近年来国家推进科技奖励制度改革的重点措施。[①]科普创作奖励体系的完善和创新也应遵循上述原则推进。为进一步营造有利于科普创作繁荣发展的激励性社会环境，针对我国科普创作奖励体系目前存在的问题与不足，提出对策和建议如下。

一是加强政府引导，完善地方政府科技奖励中的科普奖励。国家

中国科普创作发展研究 2018

---

① 韩彦丽. 立足基础，追求卓越，发挥科技奖励引导作用[EB/OL] [2017-03-17]. http://www.nosta.gov.cn/web/detail1.aspx?menuID=46&contentID=1324.

奖励办公室出台相关指导意见，全面推进各地方政府设立的科学技术奖增加科普奖，并表彰科普创作。只有政府奖励在全国各地的全覆盖，才能实现我国科普创作得到最充分、最广泛的刺激和奖励，才能在全国范围内更好地营造尊重科普创作、崇尚科普创作的良好的社会氛围。

二是加强政策引导，完善行业科技奖励中的科普奖励。国家奖励办公室、中国科学技术协会及各行业协会主管单位，应加强政策引导，鼓励和提倡行业科技奖励中增设科普类别，表彰科普创作。行业科普创作得到广泛的激励，是科普创作领域全面繁荣发展的重要基础。

三是加强调研和评估，引导社会力量设奖形成精品发展意识。社会奖励相关部门和机构应加强调研，并组织开展有效的评估工作，及时淘汰缺乏实际效用、发展潜力不足的科普创作奖项，提升科普创作奖励整体水平。同时，社会组织设奖归根结底还要凭借自身实力，要进一步推动社会组织改革，提升学会活力和能力，推动社会力量集中精力打造评奖条件过硬、奖金过硬、起点够高的精品奖励项目。

2016～2017 年的中国科幻创作

刘　健

　　科幻创作有广义和狭义之分。广义上的科幻创作是指任何以科学幻想为内核的艺术创作，包括科幻文学、科幻影视、科幻绘画、科幻电子游戏等；狭义上的科幻创作专指科幻文学创作。

　　长久以来，对于科幻创作，国内理论界一直存在一个事实上的"双重定位论述"——从科学事业的角度来说，科幻文学从属于科学文艺，是科学普及的重要手段；从文学事业的角度来说，科幻文学从属于儿童文学，能够激发青少年对于科技和未来的向往。然而，在经历了一个多世纪的发展后，中国的科幻创作早已脱离了这个"双重定位论述"的框架，而展现出一种独立的艺术气质。

　　科幻创作的基础是科学，没有科学性，科幻创作就失去了自身独立特征。但科幻创作的科学性不同于一般的科学研究的科学性定义。科幻创作的科学性是基于其艺术性内在需求的一种特征，是通过一个严密的以人类既有的科学认知、科学（技术）假说及创作者自身建构的自洽性理论说辞为基础搭建而成的幻想世界体系来体现的，而这个

　　作者简介：刘健，天津艺术职业学院副教授，天津市科普作家协会副秘书长，中国科普作家协会科幻创作研究基地学术委员，辽宁大学日韩创意创业研究中心特邀研究员，主要研究方向为科幻影视研究、文化市场学。迄今共承担省部级以上科研项目 3 项，发表各类文章共计 290 万字。

体系的界限通常不会超出人们对既有世界的物理学认知或假设。比如，阿西莫夫在系列科幻小说《基地》中，为了让"银河帝国"这个构想成立，虚构了"超空间"的概念，以此来克服相对论中宇宙中任何物体的运动速度都不能超过光速这条物理法则的限制。同样，在刘慈欣的《三体》中，出于推动故事发展的需要，虚构了智子与三体星人之间利用"量子纠结"进行超光速通信的情节。尽管上述这些情节设计都突破了现实科学的认知范畴，但却是符合科幻小说对科学性要求的，也充分体现了科学幻想的精髓所在。因而，科幻创作的本质是通过艺术化的方式，释放科学之美，让更多人理解科学，热爱科学，传播科学精神和科学认识。

一、2016~2017年科幻创作的整体发展状况

（一）2016年：中国科幻发展的提速年

对于中国的科幻创作发展来说，2016年是具有指标意义的年份。是年5月，全国科技创新大会、中国科学院第十八次院士大会和中国工程院第十三次院士大会、中国科学技术协会第九次全国代表大会在北京召开，中共中央总书记、国家主席、中央军委主席习近平同志发表重要讲话，讲话中明确提出"要把科学普及放在与科技创新同等重要的位置"。作为一种向青少年普及科学知识、传播科学精神的重要载体，科幻创作一直受到中央领导同志的关怀和重视。9月，由中国科学技术协会主办，腾讯公司、科幻世界杂志社和中国科普作家协会承办的首届中国科幻季举办。在开幕式上，时任中央政治局委员、国家副主席李源潮同志出席并讲话。他指出，中国的科幻创作要"为建设世界科技强国播撒科学种子。"①这无疑是党和国家在新时代为中国科幻创作发展赋予的重要历史使命。一同出席开幕式的领导同志还有中

---

① 李源潮. 为建设世界科技强国播撒科学种子——在2016中国科幻大会开幕式上的致辞[J]. 科普创作通讯，2016（04）：2-3.

国科学技术协会党组书记尚勇、中国科学技术协会副主席徐延豪、文化部副部长丁伟、国家新闻出版广电总局副局长吴尚之、中国作家协会副主席白庚胜、中央宣传部文艺局局长汤恒等，规制之高，史无前例。

2016 年也是中国科幻创作继续斩获国际奖项的一年。继刘慈欣在 2015 年凭借长篇科幻小说《三体》在第 73 届世界科幻年会上摘得第 62 届雨果奖①最佳长篇故事奖之后，中国科幻作家郝景芳凭借《北京折叠》再获雨果奖。连续两年时间，由来自同一国家的非美籍科幻作家摘得雨果奖，这在该奖项的历史上还是前所未有的。同时，也标志着中国的科幻创作已经获得了世界主流科幻界的接纳和认可。

在国家重视和国际认可的双重推动下，原本偏居一隅的科幻创作终于走向了公众视野的中心，具体表现为以下几个方面。

1. 各类科幻创作奖项激增

以往，中国科幻界最具影响力的奖项就是已经有 30 年历史的银河奖及 2010 年创办的全球华语科幻星云奖。而 2016 年，除了上述两大奖项继续存在外，由北京市科学技术协会下属的蝌蚪五线谱网站主办"光年奖"活动；由华为终情局主办、青蜜科技公司承办"未来全连接"首届科幻超短篇小说创作大赛；由中国科普作家协会、世界华人科幻协会主办，清大紫育（北京）教育科技股份有限公司承办的全国中学生科普科幻作文大赛；由深圳科学与幻想基金主办的晨星科幻文学奖暨首届晨星科幻美术奖；由赛凡科幻空间主办的未来科幻大师奖等，各类科幻创作竞赛相继举办，其中一些竞赛已经举办超过三届以上，覆盖了从中学生到成年职业作家在内的几乎全部科幻创作人口。科幻创作奖项的增加不仅调动了各个层次科幻创作者的创作热情，也增加了科幻作家和作品的媒体曝光率，对于促进科幻创作的良性发展，具

---

① 世界科幻年会是世界科幻协会组织的年度科幻文化主题聚会，创办于 1939 年。自 1953 年起，世界科幻年会开始由每年参加聚会者投票选出当年的最佳科幻作品（1954 年曾停颁一次），并授予"科幻小说成就奖"（The Science Fiction Achievement Award），为纪念"美国科幻杂志之父"雨果·根斯巴克（Hugo Gernsback），该奖项又被称为"雨果奖"。国内个别媒体因对世界科幻年会和雨果奖缺乏了解，称刘慈欣获得第 73 届雨果奖，实应为第 62 届雨果奖。

有积极作用。比如，首届华为终情局超短篇科幻小说奖发掘培养了滕野这个科幻界公认的前途无量的"90后"科幻作家，晨星奖则发掘出过去未引起充分重视的萧星寒、何大江等优秀科幻作家，未来科幻大师奖业已培养出阿缺、灰狐、狐习、念语等一批已被科幻界认可的优秀新锐科幻作家。

2. **国内原创科幻作品成为影视及娱乐产业追逐的新热点**

由著名通俗文学作家南派三叔主导南派泛娱出资数千万元，与著名科幻作家王晋康合作，成立水星文化，致力于将王晋康的科幻作品进行"泛娱乐"开发，打造属于中国人的科幻娱乐王国。科幻作家墨熊系列科幻作品的《混沌之城》签约元力影业，计划改编为9部电影、9部剧集、9部漫画、9部小说、9部游戏，并推出玩具、文具、虚拟现实（VR）体验、游乐场等一系列周边产品。北京壹天文化公司与何夕、江波等签约，购买《天年》《银河之心》三部曲等13部科幻小说的影视改编权，并筹集上亿元资金，创立科幻基金，致力于推动中国科幻影视发展。此外，北京微像公司、浙江黑奥影视文化有限公司、北京中天公司、游族公司、中影集团等国内知名影视文化企业也纷纷介入科幻影视领域。中国科幻大片时代即将到来。

3. **科幻创作研究成为国内文学艺术研究的新热点**

自从刘慈欣摘得雨果奖后，国内文学及社会科学界对于科幻创作的关注与日俱增，成为学界的一个新热点。《读书》《文化研究》《南方文坛》《马克思主义美学研究》《现代中文学刊》等极具影响力的核心期刊，纷纷组织科幻创作专题，发表了大量高质量的研究论文。此外，2016年4月，北京大学影视与文化研究中心、海南大学人文传播学院和《现代中文学刊》杂志社联合主办的"刘慈欣科幻小说与当代中国的文化状况"研讨会在海南省海口市举行；6月，复旦大学中华文明国际研究中心举办的为期两天的"科幻文学"主题工作坊在上海市举行，来自多个国家的嘉宾学者做了20余场科幻研究的主题发言；12月，由北京师范大学文学院、中国科普作家协会联合主办的"乌托邦与科幻文学研究"国际会议在北京召开。三场高水平的学术会议，不仅为中外科幻研究者提供了高水平的交流平台，而且在整体上提高了科幻创作研究在学术界的曝光度和认可度。

4. 科幻创作的价值重新获得科普界的认可

在中国科普作家协会第七届全国会员代表大会上，多年来深耕科幻理论研究的北京师范大学教授吴岩和当代中国科幻创作的领军人物之一、著名科幻作家王晋康当选为中国科普作家协会副理事长。各地方科普作家协会也开始大量吸纳科幻创作者加入，天津市科普作家协会等地方科普作家协会还设立了科幻创作专业委员会，致力于推动本地科幻与科普创作的协调发展。

（二）2017 年：中国科幻创作的奋进年

进入 2017 年，中国科幻创作承接了 2016 年的良好发展势头，继续高歌猛进。

1. 《科幻立方》杂志创刊

这一年对于中国科幻创作影响最为深远的就是《科幻立方》杂志的创刊。改革开放之初，中国科幻创作曾经经历了短暂的辉煌时期。当时有所谓"四刊一报"的说法，其中就包括天津的《智慧树》杂志和成都的《科学文艺》杂志（《科幻世界》杂志的前身）。首届"中国科幻银河奖"就由《智慧树》与《科学文艺》两家杂志联合主办。后来，由于种种原因，《科幻世界》一度成为中国硕果仅存的科幻杂志。尽管 1994 年，《科幻大王》[①]在山西太原创刊，但无论是发行量还是影响力都无法与《科幻世界》相比，最终在 2014 年年底停刊。而由天津百花文艺出版社创办的《科幻立方》杂志，既传承了改革开放以来天津科幻杂志的优良传统，又把办刊重点定位为"泛科幻文化"，使办刊特色更为鲜明。毫无疑问，新鲜血液的加入，必然使中国科幻创作增添新的活力。

---

① 后更名为《新科幻》杂志。

2. 中国科幻创作"走出去"取得重要进展

2017 年 8 月，第 75 届世界科幻大会在芬兰首都赫尔辛基举办。来自全国各地超过 100 位科幻作家、学者、出版人、媒体人、产业人士和科幻迷，组成史上最大规模的中国科幻代表团参会。多位著名科幻作家、学者受邀参与分论坛活动，在世界科幻界最隆重的年度盛会上展现了新时代中国科幻的非凡魅力。此外，在刘慈欣、郝景芳接连摘得雨果奖的带动下，中国科幻作品集体"出海"的势头逐渐形成。王晋康的《十字》、刘慈欣的《球状闪电》《流浪地球》、宝树的《三体 X》、陈楸帆的《荒潮》等作品都已经被译介到国外，而《看不见的星球》《转生的巨人》《星云》（意大利文）等中国当代科幻作品的选集也在国外出版，并取得了良好的口碑。

3. 少儿科幻创作异军突起

少儿科幻创作异军突起也是 2017 年中国科幻创作发展的一个显著特征。2017 年 8 月，第十届（2013—2016）全国优秀儿童文学奖揭晓，王林柏的《拯救天才》和赵华的《大漠寻星人》等两部少儿科幻作品获奖。全国优秀儿童文学奖是中国作家协会主办的国家级文学奖，是我国儿童文学创作的最高荣誉。自第九届开始，全国优秀儿童文学奖中的"科学文艺类"更名为"科幻文学类"，体现了主管部门对我国少儿科幻蓬勃发展及其在少年儿童读者中的影响力的高度认可。而以杨鹏、尹超（笔名：超侠）、陆杨、马传思、汪玥含、赵海虹、彭柳蓉、赵华、周敬之、彭绪洛、张军等为代表的少儿科幻作家已经成为中国科幻创作领域一支不容忽视的生力军，在少年儿童读者中具有广泛的影响力和号召力，其总体出版规模已经远超成人科幻作品。少儿科幻创作的蓬勃发展不仅丰富了中国科幻创作的种类，而且极大地扩展了科幻作品的群体。

二、2016～2017 年科幻创作优秀代表作

据不完全统计，2016 年中国大陆共出版长篇科幻小说、中短篇集

和相关图书 179 种，其中本土作品 102 种[①]；2017 年中国大陆共出版长篇科幻小说、中短篇集和相关图书 219 种，其中本土作品 110 种。[②]

专业科幻杂志包括四川成都科幻世界杂志社主办的《科幻世界》《科幻世界•译文版》《科幻世界•少年版》《科幻世界画刊•小牛顿》以及天津百花文艺出版社主办的《科幻立方》杂志。[③]此外，一些传统文学刊物也开始刊登科幻作品，甚至开设"科幻文学专号"。而多年来，一些少儿文学和科普杂志一直坚持辟出专栏，刊载科幻小说。在新媒体方面，刊载科幻小说的网站和微信公众号不计其数，而其中获准参与主流科幻文学奖项提名的有五六家，并呈现不断增多的趋势。以上这些媒体是原创中短篇科幻作品的主要发表渠道。

长篇科幻小说创作一直是一个国家科幻创作整体水平最集中的体现。2016～2017 年，中国的长篇小说创作可谓异彩纷呈，无论是老作家还是新锐作家，都为读者奉上了绝佳的作品。

王晋康的《天父地母》无疑是这两年中最受关注的原创长篇科幻小说之一。作为第一部《逃出母宇宙》的续作，《天父地母》讲述了一个以"科学"为关键词的新创世神话。故事中，一群人工制造出来的"卵生人"，被当作人类文明的火种和希望，被飞船送到了遥远而荒凉的 G 星。为了能加速文明的演进，他们只被赋予单纯的科技文明，让实用主义的医学、农学、工科等科学技术优先发展，这让 G 星的科技发展一度超过了母星地球。但人文精神的缺失，却让表面上科技发达、文明有序的 G 星，早已开始从内部溃烂。最终，来自地球的人文精神启蒙，让 G 星文明重新回到健全的轨道之上。作为国内第二位获得终身成就奖的科幻作家，王晋康的早期科幻创作有着深刻的科学主义烙印，而现如今，他的创作更加注重科学精神和人文精神的相互融合，表现出一种创作上的成熟与超然。

① 吴岩，姜振宇，肖汉. 2016 年科幻文学：具有前瞻性地反映时代特征[N]. 文艺报，2017-01-11(03).
② 肖汉. 智能未来的多重审视——2017 年科幻小说盘点[J]. 中国图书评论，2018(3)：88.
③ 2016 年以"科幻 Cube"之名推出了三期试刊号，2017 年正式以双月刊的形式发行。

新锐作家江波创作的《银河之心》三部曲系列，一直是近年来国内科幻界关注的热点作品之一。2016年，三部曲的收官之作《银河之心Ⅲ·逐影追光》正式出版，并摘得本年度华语科幻星云奖金奖最佳长篇科幻小说金奖。《银河之心》系列号称"中国版的《星球大战》"。但较之《星球大战》，《银河之心》系列的科学设定更为严谨。作为整个系列的收官之作，《银河之心Ⅲ·逐影追光》把写作的重点从前两部的星际大战，转向战后各派势力间的明争暗斗，银河之心成了各方力量汇聚的终点。"星海逐鹿，决战银心"成为整部小说的主题。显然，作者并不希望《银河之心》系列沦为纯粹的娱乐小说，而是借由星际战争的场域来诠释对历史和人类命运的感悟。

与《银河之心Ⅲ·逐影追光》一起摘得金奖的还有何夕的《天年》。作为一部末日题材的长篇科幻小说，《天年》充分展示了作者丰富的知识储备和结构故事的创作功力。而人物关系的描绘和感情线索的精致处理一直是何夕科幻小说的招牌元素，在本作中也有充分的展现。小说中，以千万亿年的时间跨度和整个银河系的空间跨度构成整个故事的恢宏场景，以几位主要角色的交织叙述，层层递进，最终引出大灾变的现实与"太平门计划"实施，颇为引人入胜。

相比之下，历来以幽默科幻风格示人的梁清散，在2016年出版了自己的第二部长篇科幻小说《新新日报馆：机械崛起》，在坚持既有风格的同时，又创出了新的格局。小说在整体上属于蒸汽朋克风格，时空背景设定在清末民初的中国，以架空历史的手法展现了一个不为世人所知的"机械维新"时代。全书采用串珠结构，兼具轻松幽默与惊险悬疑的特色，给"后《三体》时代"在整体上追逐宏大叙事的中国科幻创作，添加了一股淡淡的清泉。

萧星寒是中国科幻界的一位资深新人。说他"资深"，是因为早在20世纪90年代他就参与了各种科幻迷联谊活动，并开始尝试进行科幻创作；而说他是"新人"，是因为直到最近他的科幻创作才获得了普遍的认可。他在2017年推出了自己的长篇科幻小说《决战奇点》。

小说中，人类被称为"碳族"，而失控的人工智能创造出的钢铁狼人被称为"铁族"。多年前双方曾经爆发过激烈的种族战争，却因为一次核爆意外而暂时休战。人类继续占据地球，并分成了主战和主和两派，"铁族"则盘踞在火星上伺机而动。星际大战终于如约而至，但结局却出乎所有人的意料。整部小说在"太空歌剧"的经典叙事结构中，加入了作者对人类与人工智能关系的深入思考，力图冲破刻板印象造成的"修昔底德陷阱"①。

2017年，另一部标志性的长篇科幻小说是科幻作家凌晨的《睡豚，醒来》。小说中虚构了一种名为"睡豚"的外星神秘生物，它们生活在一个高科技人为创造出的环境之中，始终沉睡，不曾苏醒。但因为本身具有强大的药用价值，一度成为盗猎者疯狂攫取的对象。小说以一艘太空船做舞台，以一个从始至终未曾露面的神秘人物为线索，以飞船上的人工智能电脑为主要叙述者，通过各色人物围绕着"睡豚"展现的种种言行，表达了作者对种际关系、生态伦理的关切与思考。而作品中饱含诗意的叙事方式，展现了凌晨一如既往的女性科幻创作的独特风格。

相比于长篇科幻小说，2016~2017年，中国的中短篇科幻创作呈现出更加多元化的色彩。

在《三体》之后，刘慈欣为了寻求自我突破，选择了暂停科幻创作。2016年，刘慈欣发表了短篇新作《不能共存的节日》，通过外星人对地球人节日的考察，揭示出不同发展路径的选择可能给人类带来的不同结局。文中，作者鲜明地亮出了自己的观点，只有寻求向外层空间发展的科技，人类才会拥有未来，而沉溺于虚拟现实世界，只能让人类文明日趋枯萎。

雨果奖的另一位中国得主郝景芳在2016年发表了短篇小说《深山疗养院》。其实如果除去小说结尾处的科幻情节设计，这就是一篇反映"80后"知识分子生存状态的写实小说。小说中，两位曾经在奥数班

---

① 指一个新崛起的大国必然要挑战现存大国，而现存大国也必然会回应这种威胁，这样战争就变得不可避免。

里打拼的同学，一个在大学时代因为精神失常住进了深山中的疗养院；另一个则是完成了学业，以海归博士的身份获得了大学教职，娶妻生子，过着平常人的生活。但最终两个人竟然殊途同归，都成为别人的实验对象。作者以此折射出同龄人共有的焦虑和恐惧。

同为女性作家的科幻作品，夏笳的《铁月亮》则关注两种皆然相反的价值观。"衬衫男"和她的女友小妤一起从事软件开发业。小妤在自己的爱犬死后，执意要开发一种能让一个生命体感受另一个生命体痛苦的软件。"衬衫男"选择了设计一种以他人痛苦为乐的游戏软件，小妤则设计了一种手环，用它来进行体验他人痛苦的公益活动。"衬衫男"和小妤最终分道扬镳。直到小妤因车祸去世，"衬衫男"触碰到她的手环，才感受到了彻骨之痛。或许，作者想要表达的就是正是因为无法切身感受到他人的痛苦，我们才会变得如此麻木。

作为"80后"科幻作家中最具领军者气质的陈楸帆，在2017年给读者带来了他的新作《怪物同学会》。故事源自一位老教授遭人陷害后的愤然自尽。教授的女儿为了给父亲复仇，策划了一场"同学会"。利用意识控制术，对让当年所有该对老教授之死负责的人进行了"报复"——参加同学会的人在彼此的眼中都变成了怪兽，在相互的斗杀中，为他们当年的罪恶付出惨重的代价。作者似乎要以此告诫读者，所有的恶都是丑陋的，无论出于怎样的动机和理由。

相比于其他成名已久的科幻作家，阿缺的科幻小说历来有一种空灵的质朴之感。在他的科幻小说《云鲸记》中，作者创造了一种生于海而翔于天的独特异星生物。而小说中的主人公，则追寻着前女友的脚步，在经历了种种冒险之后，终于通过这种神奇的生物，理解了生命的真谛。

三、中国科幻创作的发展趋势与方向

总体来说，2016～2017年中国的科幻创作仍然处于"后《三体》

时代"。但来自国家的政策扶持和国际同行的认可，使得中国科幻创作获得了前所未有的强大助力。

（一）中国科幻创作的基本格局未变，新人成绩显著

就作家群体来说，刘慈欣、王晋康、韩松、何夕等"四杰"仍然是中国科幻创作的旗手，刘慈欣依然被国内外视为"中国科幻创作第一人"，是这个行业的标志性存在。2016～2017 年，上述四位作家都有新作问世，为整个中国科幻界所瞩目。而曾经在 20 世纪 90 年代中期到 21 世纪初活跃在中国科幻创作领域的"70 后"科幻作家群体，除了星河、凌晨、赵海虹等少数人仍然活跃在创作一线外，其他代表性作者都因为种种原因而淡出。代之而起的是以陈楸帆、郝景芳、夏笳、飞氘、宝树、张冉、墨熊、迟卉、江波、陈茜等为代表的"80 后"科幻作家群体。2016～2017 年，"80 后"科幻作家群体俨然已经成为中国科幻创作的主力，并已经开始建构自身的国际影响力。而更年轻的阿缺、索科夫、糖匪、犬儒小姐等新锐作家也已经崭露头角，并开始形成自己独特的创作风格，吸引了众多科幻粉丝的追随。

（二）科幻作家参与影视创作，助力中国科幻大片破局

值得注意的是，随着近几年国内电影票房市场的井喷，国内各大片商纷纷把目光集中到科幻片这块国产类型电影最后的洼地。尽管 2016～2017 年并没有让众多科幻迷和电影迷期待的能与好莱坞大片相媲美的国产科幻电影问世，但已经有众多科幻作家参与到国产科幻电影的策划与拍摄之中。这很有可能使得国产科幻电影的剧作水平上一个台阶，从而为国产科幻电影在未来几年内的跨越式发展奠定基础。

（三）少儿科幻向全产业链方向发展

除了科幻电影外，少儿科幻创作有可能成为中国科幻创作领域的另一个爆发点。由于市场需求巨大，很多出版社已经开始深耕少儿科幻出版，甚至聘请知名少儿科幻作家担任编辑室主任。在搜集优秀少

儿科幻作品的同时，也更加注重动漫、模玩、文具、绘本等衍生品的开发，向全产业链经营模式迈进，为少儿科幻创作提供附加值。

　　总体来说，中国科幻创作正在迎来一个前所未有的战略机遇期。只要好好把握，中国科幻创作将能够成为新时代有中国特色的社会主义科学文化的重要组成部分，并成为在人类命运共同体框架内中国向世界展现发展成就和大国自信的重要舞台。

2016～2017 年的中国科学童话创作

张 冲

早在 20 世纪 20 年代，在一片科学救国的呼声中，诞生了科学童话这一文体。人们一般认为，中国现代科学童话的发展始于五四时期。发表在 1920 年第 8 卷第 1 期《新青年》上的《小雨点》（作者：陈衡哲），是我国最早公开发表的原创科学童话。

科学童话是以科学技术为题材，以少年儿童为读者对象，具有浓厚幻想色彩和启迪智慧的虚构故事。它用童话的形式来传播科学研究领域的面貌和成就，以生动、形象、美好、丰富的想象，运用多种表现手法，将科学技术融于童话故事之中，让儿童在愉悦的听读中吸收知识营养，激发想象力和创造力。所以，科学童话创作的初衷就是普及科学技术知识、传播科学思想、弘扬科学精神和倡导科学方法，这与常见的文学童话有着明显的区别。20 世纪 80 年代初，著名儿童文学前辈陈伯吹就说过："在儿童文学园地里，科学文艺作品——特别是科学童话，无疑是异香扑鼻的一株鲜花。"

2016 年、2017 年，中国科学童话的创作和发展虽然没有像科幻文

作者简介：张冲，中国科普作家协会会员，主要从事科学童话创作和研究。主要著作有《苍蝇和火车赛跑》《小老鼠的隐身衣》《一年级爱科学》等。获共青团中央"五个一工程奖""冰心儿童图书奖""冰心儿童文学新作奖"等奖项。

学那样搞得轰轰烈烈，屡获世界级大奖，令科幻作家和科幻迷们兴奋不已，但在一大批科学童话作家不忘初心、普及科学的默默坚守下，也像春风送暖、春雨绵绵一样，滋润了无数新苗，催开了朵朵鲜花，结出了累累硕果，为新时代科学童话的繁荣积蓄力量、奠定基础。

一、科学童话发表出版繁花似锦

（一）科学童话发表、出版阵地及作品情况

据 20 多位作家的不完全统计，全国经常发表科学童话的报纸杂志有 50 多家，包括《我们爱科学》《少年科学画报》《科普创作》《科学大众》《科普童话·神秘大侦探》《少年儿童故事报》《红蜻蜓》《亲子智力画刊》《幼儿画报》《少儿科技》《小百科》《科漫少年》《小学生拼音报》《小学生阅读报》《少儿画王》《小学生世界》《第二课堂》《新新小学生》《少先队员》《广东第二课堂》《青少年科技博览》《快乐语文》《学生周报》《学生之友·童话果》《小艺术家》《下一代》《语文世界》《少年科学报》《少年百科知识报》《知心姐姐》《小学生作文选刊》《阅读》《小星星》《童话寓言》《课堂内外》《天天爱学习》《川州文艺》《学苑创造》《奇趣百科》《琴台》《深圳青少年报》《智力课堂》《花火》《红树林》《提前读写报》《新教育》《少年月刊》《天天爱学习》《学与玩》《语文报》《世界儿童》《特区教育（小学生）》等。

这类报纸刊物大体分为三类。一类是科学普及读物，如《我们爱科学》《少年科学画报》《科普创作》《青少年科技博览》《奇趣百科》等；一类是文学教育读物，如《少年儿童故事报》《小学生阅读报》《少年月刊》《学生之友·童话果》《语文世界》《快乐语文》《课堂内外》等；一类是绘本读物，如《亲子智力画刊》《幼儿画报》《少儿画王》《科漫少年》等。科学童话作品已经成为这些报刊的家常菜，几乎每期必有。2016～2017 年，上述这些报刊登载的科学童话作品数以千计。

全国热心出版科学童话作品的出版社有：中国少年儿童出版社、

科学普及出版社、长江少年儿童出版社、长江文艺出版社、浙江教育出版社、四川少年儿童出版社、希望出版社、新世纪出版社、河北少年儿童出版社、金盾出版社、化工工业出版社、电子工业出版社、黑龙江少年儿童出版社、吉林美术出版社、新疆教育出版社、新疆美术摄影出版社、甘肃少年儿童出版社、敦煌文艺出版社、北京燕山出版社等数十家出版社，先后出版了《酷蚁安特儿总动员》、《杨红樱画本·科学童话（新版）》、《小石头的梦想》、《冰冻地球》、《朱鹮路路》、《让孩子着迷的科学童话》、《四季科学知识童话》、《红海棠丛书》、《吕金华科普童话作品集》、《苏梅科学童话绘本系列》、《幼儿科学启蒙童话绘本》、《精灵鼠科学童话绘本》、《科学素养阅读·玩出来的小科学家》（知识童话绘本）、《小豆子系列（少儿童话科普注音版)》、《西瓜虫的日记》等 100 多本（部）科学童话图书。

（二）科学童话作品获奖情况

2016～2017 年，科学童话作品的获奖情况如下：寒木钓萌的《微观世界历险记（三册）》获科学技术部 2016 年全国优秀科普作品奖；霞子的《酷蚁安特儿总动员》荣获科学技术部 2017 年全国优秀科普作品奖；陈立凤参加 2016 年的科普创客大赛，6 篇科普童话荣获三等奖；科普作家薛进参加 2016～2017 年中国微米纳米协会和中国科学技术协会科普部举办的科普创作大赛，其作品《唐僧师徒纳米游》获得二等奖、《了不起的纳米小超人》获得三等奖；张冲的科学童话《大齐的"梦"》获 2016 年冰心儿童文学新作奖；李丹莉的《小石头的梦想》获新疆维吾尔自治区第五届优秀科普作品金奖、《冰可儿》获新疆维吾尔自治区第二届儿童文学奖；《郭文峰科普童话集》获河南省科学普及成果奖；黄继先的科学童话剧《蝙蝠的传说》《机器人上户口》分别获重庆市委宣传部、文明办、市教委等联合征文二等奖和三等奖；杨福久的《外星虫引发的地下事件》参加全国"张鹤鸣杯"寓言戏剧大赛，荣获优秀奖等。

二、科学童话创作的特色和发展趋势

（一）科学童话的题材内容不断拓展

河北少年儿童出版社推出了沈芬的原创科学童话"红海棠"丛书，共六册。这套丛书突出保护生态环境这一主题，内容广泛，包括天文地理、动物植物、气象物候等众多自然科学知识，并浸润倡导优秀传统文化等人文科学知识。

由新疆美术摄影出版社出版的《吕金华科普童话作品集》，以优美的童话形式，介绍了多领域的科学知识。其中《克隆人的故事》是关于克隆、再生、转基因等方面的生物科学知识；《荷池里的欢庆会》介绍了医疗、健康方面的知识；《菟丝子悲喜录》介绍了中药材知识；《暖房中的梅花》介绍了部分植物学知识。

薛进，中国科学院苏州纳米技术与纳米仿生研究所科普专员，中国科普作家协会会员，创作了3套7册纳米科学绘本，其中《4D科学绘本：神奇的纳米王国》获得科学技术部2016年全国优秀科普图书奖、2016年中国科学院优秀科普图书奖和2017年上海国际科普产品博览会优秀科普产品奖。薛进致力于纳米科学普及，把纳米知识引入童话故事之中。2016年出版的《了不起的纳米小超人》，通过猴哥、八戒和纳米小超人的故事告诉小读者什么是纳米，纳米能吃吗，纳米到底有多小，纳米有哪些神奇之处。《神奇的纳米天梯》，讲了爱玩的科学家们把单层或多层的石墨烯卷成同轴筒状的碳纳米管。这种轻柔而极富弹性的碳纳米管强度极高，居然比钢铁还要坚硬上百倍，科学家们用它来制造太空天梯。

2017年6月，新疆文化出版社（新疆美术摄影出版社）出版了王功恪、易小娅合著的长篇科学童话《小博士漫游生命科学王国》。这是一部以揭示人类生命演化历史和未来发展为题材的科幻童话。全书放眼生命科学，以游记的形式把一系列现代科技知识串联起来，从参观生命长廊博物馆到走进基因工程产业园，畅游基因美食一条街、生物导弹制造基地、新世纪人体器官制造厂、电子生化人中心……直至穿越时空，到太空人造生物圈去历险。通过一连串亲历亲为的童话故事，把 DNA 的身世与未来、细胞的奥秘与变脸、人工种植血液的不可想象、人脑工程的高深莫测、基因工程的神奇与魔力、生物导弹的无坚不摧、蛋白质芯片的异想天开等，全都一一展示出来。

这些以最新科学技术知识为题材创作的科学童话，顿时会使人有耳目一新的感觉。但就大多数科学童话作品来说，题材仍然拘囿于表现动植物（而且主要是动物）的生活习性，这就不免使人感到内容过于狭窄、题材趋向陈旧。因此寻求以高新科技知识为内容的创作，应该成为今后科学童话创作的发展方向。

（二）科学童话的品位有新提升

2016～2017 年，科学童话的质量进一步提高，童话故事的品牌特质和趣味进一步增强。

李丹莉是中国作家协会会员、国家一级作家。翻开李丹莉创作的科学童话，一个耀眼的新疆马上就会呈现在你的眼前。在她的作品里，无论是空中飞的，还是地上走的，水里游的；无论是盛开的鲜花，参天的大树，还是一块普通的石头，一滴水，一粒沙子，一朵云霞，一缕阳光，都有着新疆独有的特色。然而更有味道的是，她将自己的情感注入科学童话中，用生动的文学语言和巧妙的艺术构思，把各种科学知识融入其中，让少年儿童在不知不觉的美的享受中，接受科学知识的熏陶。科学童话《我要去看海》意在让孩子们了解徙居位置最高的哺乳动物之一的北山羊，故事却设计了北山羊一路想去看大海遇到的重重艰难。但北山羊始终坚信"心中只要留个太阳，看什么都会阳光灿烂"，终于实现了自己的目标。这一不畏困难、乐观向前的主题，使科学知识具有了人文关怀。孩子们在阅读中通过对大自然的情感化体验，拨动了稚嫩的心灵琴弦，于是吸取科学知识对他们来说就很自然了。相信这样有品位的科学童话一定会受孩子们欢迎的。

代晓琴的科学童话《奔跑的多吉》，也有异曲同工的效果。这篇童话讲述了藏区高原上的藏羚羊多吉趁迁徙时节离开队伍，去跟年幼时照顾自己的男孩巴桑告别。通过多吉奔跑不息的脚步，向读者展现了藏羚羊的生存现状，警示读者"今天的不爱护、不关注，势必导致明天的物种稀缺甚至灭绝……"这篇童话首发于《小百科》，入围第八届信谊图画书奖。

2017 年 7 月，中国海洋大学出版社出版了霞子的长篇童话《骑龙鱼的水娃》三部曲。虽然图书的封面上标注的是"原创长篇少儿神话"，但细读内容，不失为一部拟人体、超人体相结合的科学童话。作品以水娃保护净水、保护地球家园为主线，讲述了水家族正义战胜邪恶的传奇故事。作品以传统神话为形式，展现的却是当今的环保议题。故事曲折离奇，妙趣横生，引人入胜，是科学童话创作的新尝试。同年10 月，科学普及出版社出版了霞子的《大杜鹃育儿记》。这部中篇科学童话以第一人称的视角，温情脉脉地讲述了一个大杜鹃妈妈艰辛的寄子育儿的故事，深受小读者的欢迎。

（三）科学童话的表现形式趋向多元化

杨福久在从事科学童话创作时，不仅致力于将童话故事与知识、哲理相融合，还注意将其与戏剧、相声、连环画等有机结合起来。2016～2017 年他出版了 15 部作品，比较集中地体现了这一特点。

霞子的大型绿色环保主题儿童剧《永远的月亮岛》（载于 2017 年《科普创作》复刊号），讲述了一个迷人的科学童话故事。商人艾伦·唐买下了北极一座冰雪小岛的使用权，他打着保护小动物的旗号，在小岛上建造了一家绝无仅有的童话乐园——水晶城堡。北极熊笑笑和它的动物伙伴在城堡中过着无忧无虑的生活，正在为成为平安夜的演出明星而进行着精心的排练。就在这时，一头在冰坨中沉睡了万年的猛犸象好梦突然复苏破土而出，一下子打破了城堡的平静。他唤起了笑笑和动物们心底对自由的向往。于是笑笑决定，在水晶城堡小主人露珠的生日晚会那天，率领动物们逃出城堡。与此同时，生活在北极圈附近的因纽特人瑞儿正与来北极考察的少年郑南、郑北，在为营救动物而采取行动。故事最后，动物们自由了，好梦救出了身患不治之症的露珠（商人艾伦·唐的女儿），大家互相团结友爱，开始保护月亮岛。剧本改编自作者的原著，却充分体现了戏剧表演的特点，将矛盾冲突、人物塑造、语言表达和舞台表演紧密结合起来，歌颂了人与人之间、人与动物之间及动物之间深厚的友谊。全剧自始至终贯穿了低碳环保的理念，让孩子们在娱乐的同时，感受到保护环境的重要性。

多次获科幻星云奖的台湾作家黄海除出版了长篇科幻童话《冰冻地球》外，还与其他三位作者一起创作了"接力科幻童话"6篇和60篇科学幻想童话诗。

2016～2017年科学童话创作出现了科学童话剧、科幻童话、科学童话诗、科学童话寓言、科学童话相声、科学童话绘本，多元齐头并进，不能不说是一种新气象。

（四）科学童话读者群的需求更加明晰

2016～2017年，不少出版社竞相出版科学童话绘本。浙江教育出版社出版了《苏梅自然童话绘本系列》（作者：苏梅）6册、化学工业出版社出版了《红贝壳科学童话绘本系列》（作者：童心）12册、四川少年儿童出版社出版了《精灵鼠科学童话绘本》（作者：徐姣）10本、电子工业出版社出版了《科学素养阅读·玩出来的小科学家》（知识童话绘本）（作者：滕毓旭）30册、敦煌文艺出版社出版了《小豆子系列·少儿童话科普注音版》（作者：杨福久、吕金华）7册。新疆美术摄影出版社出版了《给地球妈妈做件花衣裳》系列（作者：杨福久）8本等。这些面向低幼儿童的读物，之所以受到出版社的青睐，说明这些读物适应了市场的需求，也说明科学童话绘本更能被低幼儿童所接受。

小学低年级的读者喜欢科普童话。以准确的科学知识为主要内容的科普童话，是小学低年级科学教育的重要课外读物。科普童话的科学性与科幻童话的科学性有着明显的区别：科普童话的任务是普及科学知识，内容有深有浅，但都需要准确；而科幻童话的任务是增强科学幻想意识，传授的是一种思想和方法，内容有实有虚，只要不违背科学的发展方向就行。

小学中高年级的读者更喜欢科幻童话。著名作家杨鹏创作的系列科幻童话《装在口袋里的爸爸》，由浙江少年儿童出版社出版，累计销售千万册以上，除作品本身的高质量外，与读者对象定格在中高年级不无关系。

不同年龄段的读者有着不同的需求，每一位科学童话作者在创作前都应当明确自己作品的读者群。

（五）科学童话的传播途径呈现多媒体化的发展趋势

随着多媒体技术的进步与发展，科学童话的传播越来越生动，越来越迅速。在互联网高速发展的今天，以个人为中心的新媒体已经从边缘走向主流，其中以微信和博客最为典型。正是在这样的情况下，催生了一大批新的作品形式，它们不再是单一的纸质报刊和图书，而是将科学童话以文字、声音、图形、影像等形式复合呈现出来，进行宽媒体、跨时空的信息传播。一些热心于科学童话创作的作者，不再满足于在报刊上发表作品，而是通过自己的微信公众号，及时传播自己新创的作品；也不再停留在文字上的创作，而是将其与声音、图形、影像结合起来，更增强了作品的宣传效果。

南京小飞猪网络科技有限公司创办了微信公众号"小熊听听"，专门从事科学、技术、工程、艺术、数学（STEAM）科学启蒙教育，每天晚上都要给孩子们播讲科学童话故事。他们还设立了"小熊课堂""小熊学院""小熊图书馆""好奇星日报"等专栏，精心策划了大型原创儿童科幻探险童话故事《小熊丁丁历险记》，通过音频、绘本和动漫等多样化形式，将科学知识通俗易懂地传播给孩子们，在呵护孩子的好奇心、提高孩子的自主学习及思辨能力上有很大帮助，吸引了上万家长用户的关注。

三、科学童话创作队伍涌现出更多年轻作家

人们曾经担心科学童话的创作队伍青黄不接，而近两年涌现出来的年轻作者，他们的作品却如井喷一样，令人惊羡不已。

年轻作家陈立凤，2016～2017 年在 30 多家报纸杂志上发表科学童话 150 多篇，十多万字。连续两届参加科普创客大赛，先后有 8 篇作品闯入决赛并获奖。

幼儿教师代晓琴，2016～2017 年发表科学童话 85 篇，出版了 16 册科学童话图书，约 80 万字左右。

身为中国科学院苏州纳米技术与纳米仿生研究所科普专员的年轻作家薛进，一进入科普创作领域就创作了 3 套 7 册纳米科学童话绘本，获得科学技术部 2016 年全国优秀科普图书奖、2016 年中国科学院优秀科普图书奖和 2017 年上海国际科普产品博览会优秀科普产品奖。

青年作家杨胡平是第二届"甘肃儿童文学八骏"之一。他 2016 年才进入科学童话创作领域，一年多时间就发表科普童话 30 多篇，还创作了 10 本科普童话集和 6 本科普童话绘本，即将在近期出版。

海南作家赵长发专攻海洋科学童话创作，在出版 12 本海洋科学童话之后，2017 年，黑龙江少年儿童出版社又出版了他的《我们的家园•走近海洋原创儿童系列》（4 册）。他的另一个远古海洋系列的作品也将出版，又要带领孩子们去探索历史悠远的海底世界了。他的这些作品构思巧妙，语言质朴纯真，通过拟人化的海洋动物故事，让孩子们了解海洋生物，既培养孩子们珍爱生命、保护海洋、建设海洋的意识，同时又给孩子们以励志教育和人格熏陶。

作者队伍的年轻化，为科学童话的创作和发展注入了新的活力。

四、科学童话理论研究有新进展

霞子撰写的《科学童话的审美》，第一次从美学角度全面论述了科学童话的审美特征，对新时代科学童话的发展提出了更高的要求。尤其是对如何提高科学童话的文学性，如何融入其他艺术手法，如何使传播的科学内容与科学技术的发展同步，如何丰富科学童话的内涵从而达到传播科学思想、创新科学思维、启迪科学智慧、弘扬科学精神的目的，都提出了许多独到的见解。①

笔者的《从"弹涂鱼之争"说起——浅谈如何正确认识科学童话的科学性》，对 2015 年第四季度发生的一场有关科学童话《会上树的鱼》是否科学的争论提出了自己的看法，指出"科学童话作为科学文艺和文学作品，所传播的科学知识的深与浅是根据读者对象来确定的。""科学童话不是科学论文，不应用科学研究的'严谨''精准'来要求，要以开放包容的心态看待科学童话的科学性。"只要科学童话传播的科学知识"做到概念使用准确，科学事实准确，基本数据准确，语言运用准确"，就是保证了科学童话的科学性。"所以，科学文艺作品中的科学又是艺术化了的科学，是富有更加迷人吸引力的科学。"②

笔者的《现当代科学童话发展简论》，对我国近百年来科学童话的发展进行了一次系统的回顾，提出"市场的拉力、社会各界的推力、作家们经久不衰的创造力和新媒体迅速发展的助力，必然会推动科学童话的更大发展。振兴期科学童话的前进步伐将更加坚定而持久，前景不容小觑。"③

这些对科学童话创作的理论探索和研究成果，将对新时代科学童话的发展起到一定的指导和推动作用。

---

① 汤寿根. 科普美学[M]. 北京：科学普及出版社，2016（7）：109-160.
② 张冲. 从"弹涂鱼之争"说起——浅谈如何正确认识科学童话的科学性[J]. 科普研究，2016（4）：79-83.
③ 张冲. 现当代科学童话发展简论[J]. 科普研究，2017（1）：71-80.

五、科学童话创作发展亟须解决的问题

（一）创作主题不够多元

目前生物童话仍占相当大的比例，非生物童话，尤其是涉足科技前沿知识的科学童话少之又少。以《科学大众·小诺贝尔》（低幼和小学中高年级两个版本）为例：2017年分别在"故事城堡"和"故事棒棒堂"栏目刊登科学童话48篇，其中动物童话35篇，植物童话9篇，非生物童话只有4篇。可见，应当重视和倡导非生物童话，特别是接近现代生活的新科技童话的创作。

（二）缺少精品、美品和经典之作

2016～2017年新创的科学童话千千万，但能给人们留下深刻印象、具有广泛影响力的创新之作还不多。2015年中国少年儿童出版社曾出版了一套《中外经典科学童话》，其中收录的我国的作品都是10多年前发表的科学童话，近10年来的一篇也没有。要出精品就必须创新。一篇优秀的科学童话，不仅要有新的题材，还要有神奇的幻想，要有曲折引人的故事，要有性格鲜明的童话人物和生动形象幽默风趣的语言，要有科学性、思想性和艺术性的完美结合。这应当成为所有科学童话作者追求的目标。

（三）中长篇科学童话仍然是稀缺产品

创作中长篇科学童话需要时间、专业知识和过硬的写作技巧，所以大部分作者还是喜欢短、平、快。加之有些出版社希望出版系列图书，创造规模效益，带来中长篇作品出版难，也是一个重要原因。

（四）创作队伍发展艰难

一批老作家由于年龄和身体的原因，已经不再从事科学童话创作，而新人缺乏支持，并没有稳定的来源，加之科学童话发表阵地仍有萎缩趋势，对新人的发展也很不利。

六、促进科学童话创作发展的几点建议

（一）进一步提高对科学童话创作和发展的认识

科学童话是科学文艺中的一个重要门类，对于低幼儿童来说更是一个主要门类。要使科学童话能在新时代有所建树，出现大繁荣，必须出大招，齐努力。

（二）加强科学童话创作与研究交流

组织专项活动，如发起科学童话创作沙龙、科学童话创作大赛、科学童话研讨会和科学童话作品评奖活动等。通过一系列的活动激发大家的创作热情，提高创作队伍的素质，树标杆、引方向、上水平。

（三）着力培养科学童话作者队伍

像中国作家协会举办鲁迅文学院那样培养科普创作人员；每年邀请各省重点科学童话创作者，采风学习交流；建立与科学童话作者的广泛联系，及时发表相关信息。霞子曾在她的《浅议新时期科学童话的发展和创新》中呼吁，要"加强创作人才的整合和培养，特别是专业化人才的培养和高效利用"，提出"科普创作专业化"的课题，应当尽快付诸实施。

（四）争取对科学童话作品和论文进行立项扶持出版

每年或两年立项支持出版一个系列，每个系列邀请 8～10 位科学童话作家各写一本科学童话书。科学普及出版社曾组织编写了一套《双子星科普文库·低碳科学童话系列》，就是一个很好的尝试，应该继续拓展思路，长期坚持。科普创作研究机构和协会组织，应编撰科普创作年鉴或不定期选编优秀科学童话集和其他科普文体的文集出版。

目前，全国经常创作科学童话作品的中青年作者有：霞子、杨鹏、李丹莉、贺维芳、陈立凤、代晓琴、达世新、薛进、赵长发、苏梅、萧袤、董淑亮、张一成、窦晶、郭文峰、戚万凯、童言、杨胡平、徐

光梅、马成志、任红轩、孔稚娴、曹景常、易小娅、杨馥等；已过退休年龄，但仍在从事科学童话创作的有：黄海、卓列兵、钱欣葆、杨福久、滕毓旭、黄继先、王维浩、杨向红、王功恪、张冲等。希望能以这些作家为中坚力量，把更多的科学童话作者组织起来，建立广泛联系，运用多媒体及时通报有关科学童话创作的形势和任务，明确创作方向，交流创作经验，开展创作活动。

党的十九大报告提出，没有高度的文化自信，没有文化的繁荣兴盛，就没有中华民族伟大复兴。要坚持中国特色社会主义文化发展道路，激发全民族文化创新创造活力，建设社会主义文化强国。新时代对各项工作都有新要求，科学童话创作也不例外。新时代需要科学童话创作有新繁荣、新成果、新经典；新的作品要有新题材、新立意、新背景、新语境。面对这样的形势和任务，科学童话创作者应该增强信心、奋发进取。提高全民科学素质要从娃娃抓起，在大力提倡 STEAM 科学启蒙教育的今天，需要有更多优秀的科学童话提供给儿童和家长们阅读。

到 2020 年，我国科学童话的创作和发展就有 100 年的历史了。让我们不忘初心，把重振科学童话创作作为一项事业，写出更多更好的作品，出版更新更美的图书，来迎接科学童话创作在新时代的大发展、大繁荣！

2016～2017 年的中国科学诗创作

郑培明

  科学诗，就是科学与诗歌的结合。凡是采取诗的形式，以科学与自然、科学与人文为题材，讴歌科学精神，传播科学知识，揭示科学真理，抒发科学追求，描绘科学真善美的文学样式都可称作科学诗。科学诗发展到今天，已经衍生出许多品种，包括科学抒情诗、科学哲理诗、科学叙事诗、科学常识诗、科学朗诵诗、科学幻想诗、科学民歌、科学儿童诗、科学歌谣等。[①]正是这么多的科学诗品种，共同组成了科学诗的花团锦簇，以它特有的风采和魅力绽放于诗歌的百花园中，受到人们的青睐和关注。

  2016～2017 年是我国科学诗创作显著发展的两年。两年间，科学诗创作跟随科技发展时代前进的步伐，通过举办创作赛事、老作家传帮带、跨界融合创作等形式，产出了一些新作，并且在新媒体时代得到更多的传播平台，社会反响良好。

  作者简介：郑培明，中国科学院科普作家协会主席，曾任中国科学报社主任编辑，《科学与文化》周刊主编。著有诗集《热海》、《科学精神颂》（合作），人物传记《郭曰方的诗意人生》，报告文学《站在珠峰之巅——大气物理学家叶笃正》等。

  ① 董仁威，等. 科普创作通览[M]. 北京：科学普及出版社，2015.

一、举办"科学精神与中国精神"科学诗歌大赛，发现人才，壮大科学诗创作队伍

近两年来，由中国科学报社、中国科学院文学艺术联合会、《人民文学》杂志社与浙江联合出版集团联合主办的"科学精神与中国精神"诗歌大赛，吸引了全国各地上千位作者投稿，为繁荣科学诗的创作起到了推波助澜的作用。

2016 年 1 月 19 日，首届"科学精神与中国精神"诗歌大赛颁奖仪式在北京举行。此次诗歌大赛共评选出 45 篇获奖作品，其中一等奖 10 篇，二等奖 15 篇，三等奖 20 篇。其中，获得一等奖的作品有：刘星元的《赞美，以科学之名》，丁仲礼的《贺新郎·为国科大 2014 级新生作》，张九庆的《我在科学史中游历》，王旭升的《巴丹吉林沙漠的眼睛》，苏美晴的《我看见他们正把电种入地下》，张锋的《让苹果飞》，季大相的《歌唱一粒种子——致诺贝尔生理学或医学奖获得者屠呦呦》，于同旭的《物苑英华录——写于物理所八十五周年所庆》，王起超的《七律·赞野外台站工作人员》，卢盛魁、王紫薇的《百年诞辰追思——卢老科学精神铭刻心中》。评委们认为这些作品既能充分体现"科学精神与中国精神"的主题，又构思巧妙、韵味悠远，相信会对科学精神与中国精神的传播起到良好的作用。在颁奖仪式上，文艺评论家谢冕宣布获奖名单，中国科学院院士严加安等诗歌大赛评委为获奖者代表颁奖。

2017 年举办的第二届"科学精神与中国精神"诗歌大赛参赛作品更多。大赛吸引了来自全国各地的诗人、作家、出版人、农民、教师、公司职员等积极参与，尤其收到了很多来自一线科研工作者的来稿。他们有来自西安交通大学、西南大学、西南交通大学、浙江工业大学、福建师范大学等高校的教师，也有来自中国科学院理化技术研究所、自然科学史研究所、青藏高原研究所、西安光学精密机械研究所、武汉病毒研究所等研究所的研究人员。他们在诗歌中讲述自己的科研故

事，描绘了"科考羌塘张错边，出航曙色正东天"的科考见闻，也抒发了对科学的热爱，发出"有时欣喜若狂，有时寝食难安；只因对你的了解多了一点，只因了解你的渴望多了一份贪婪"的深切感触。这些诗作语言优美、构思巧妙、感情真挚，得到了评委的称赞。此外，南仁东、黄大年、屠呦呦、袁隆平等科学家的名字也频频出现在参赛作品中，成为重要的诗歌主题，是科学家群体越来越多地为社会公众所认识的一个缩影。第二届"科学精神与中国精神"诗歌大赛评选出49篇获奖作品，其中一等奖10篇，二等奖15篇，三等奖24篇。获得一等奖的作品有：赵琼的《种星星的人》，高鹏程的《量子纠缠》，刘连勇的《在星地间纠缠》，孙凤山的《蛟龙号：把诗和科学种在海沟》，郑培明的《我渴望》，凌晓晨的《寄语袁隆平》，郑劲松的《中国的天眼开了》，朱海峰的《业拉山》，陈浩的《行湖上远望各拉丹东峰》，柏舟的《七律·仓颉碑》。科学诗歌大赛的举办，对于发现人才、壮大科学诗歌创作队伍、激励广大诗歌爱好者创作科学诗的热情，以及扩大科学诗歌在社会上的影响，无疑都起到了非常重要的作用。

二、多种媒体相互融合，科学诗传播平台得到拓展

2016～2017年，随着多种媒体相互融合趋势的增强，传播科学诗的平台不断搭建，推广的作品数量之多、质量之高、影响之大，呈现出前所未有的喜人景象。

其一，中国科学院"科学大院"、《中国科学报》、"中国科普博览"、"科普新疆"、《新国风》诗刊、《科普创作》、光明网、中国科技网、科学网、央视网、新浪网、搜狐网等全国各大网站、报刊，都以专栏、专题、转发的形式，发表了大量科学诗作品。其中，许多作品被制作成精美的朗诵视频广为传播，在观众中产生了热烈反响。

其二，科学诗走进校园，走进科研单位，走进科技馆，走进全国

科技周，科学诗歌朗诵演唱会成方兴未艾之势，为弘扬时代主旋律、传播正能量、激发公众热爱科学、提高科学素养、引导青少年走上科学道路，发挥了积极的作用。

三、郭曰方科学诗创作与传播攀上新高峰

2016 年 5 月 4 日，中国科学院网络新媒体"科学大院"向全国开播，依托中国科学院的资源优势，以"前沿、权威、有趣、有料"为宗旨，及时发出中国的"科学之声"。"科学大院"现已成为我国著名的科技新媒体品牌节目。其中，"科学家颂歌名家朗诵"栏目，每周推出一个艺术家朗诵视频，集中编发了著名科学诗人郭曰方创作的《共和国科学家颂》（2007 年出版）中 20 多首歌颂科学家的诗歌，弘扬了科学家的爱国情怀和突出贡献，在读者中引发了强烈的共鸣。《中国科学报》合肥记者站原站长张建平说，诗人郭曰方在与癌症抗争的艰难时期，为中国科学家立传，以惊人的毅力写下了一部部史诗般的著作，热情讴歌了我国 150 多位科学大师，填补了我国科学诗创作的空白，将科学家为国奉献、以身报国的精神镌刻在共和国的史册上。每聆听一次歌颂科学家的诗朗诵，都是一次心灵的洗礼；青年画家杨华说，聆听着诗歌，科学大师们的形象就会栩栩如生地展现在我的面前，让我急切地想拿起笔来刻画他们。为此，杨华立志把刻画科学家形象作为终生绘画的目标，无论是否成功，只顾风雨兼程。经过艰苦努力，杨华于 2017 年 11 月在北京举办了"国家脊梁 时代楷模——青年画家杨华'两弹一星'功勋人物肖像画展"。

郭曰方先生虽已高龄，但依然笔耕不辍，创作激情丝毫不减，不断推出科学诗力作。近两年，他的科学诗不但数量多，而且质量高，赢得社会广泛赞誉。画家杜爱军精心创作的《科学大师神韵：中国科学家肖像绘画诗歌选》（2017 年出版），集中绘画了我国在国内外享有盛誉的 51 位科学家的画像，并邀请郭曰方为每位科学家配写了科学诗

歌,使得科学家的形象更丰满、更动人。该画册得到中国科普作家协会专项资金的支持,由科学普及出版社正式出版。

2017 年 12 月,郭曰方在"新国风"首届诗歌颁奖盛典上荣获"杰出诗人"称号。颁奖词中这样写道:"用生命拥抱科学,用诗歌唱响科学。他出版的诗集《共和国科学家颂》《科学的旋律》《唱给大自然的歌》等著作,为亿万读者所称颂,使科学和科学家群体备受瞩目。他曾抱病以顽强的毅力写诗,为科学精神插上翅膀,翱翔天下。让科学与艺术在山顶上汇合,做出了突出贡献。"2017 年 11 月 12 日,历经全球诗人和网友两年多推荐评选,权威评委会评审,郭曰方在"中国新诗百年"全球华语诗人诗歌评选中,荣获全球华语"中国新诗百年•百位最具影响力诗人"称号,使科学诗的创作跨上前所未有的新的高峰。中国作家协会副主席、著名诗人吉狄马加及来自海内外的 200 多位著名诗人出席了在北京的颁奖盛典。

中国作家协会主管的《新国风》诗刊通过搜狐网络平台,自 2017 年下半年也陆续推出郭曰方创作的讴歌科学家的颂歌,以及他为党的十九大召开创作的《亲爱的祖国》《为中国喝彩》等诗篇,在读者中产生强烈反响;2017 年 6 月 1 日由中国科学技术协会主管,中国科普作家协会、中国科普研究所、中国科学技术出版社主办的大型科普刊物《科普创作》创刊号,刊发了郭曰方的长诗《献给共和国的科学家们》,并制作成视频播放,受到读者欢迎。

《科技日报•嫦娥副刊》和《中国科学报》文化版发表的诗歌作品在社会上产生广泛影响。例如,《科技日报》发表的郭曰方创作的献给邓稼先和李佩的朗诵诗、光明网发表的郭曰方献给黄大年的诗歌被艺术家搬上舞台,已经成为全国各地诗歌朗诵的经典版本;《中国科学报》刊登了很多院士和科学家的科学诗歌,深受广大科技工作者欢迎。

四、发展繁荣我国科学诗创作任重道远

综上所述,随着中国当代科技的迅猛发展,科普创作日益繁荣。

科学诗作为科学文艺的重要组成部分，这两年取得可喜成绩，并呈现新的发展趋势。但是，由于种种原因，在科学诗的创作上还存在几个有待解决的突出问题。

（一）创作队伍问题

改革开放以来，科学诗的创作时起时伏。1978年后的一段时间里，科学诗的创作曾经出现百花齐放、百家争鸣的繁荣景象，曾经成立了以高士其为名誉主席的中国科学诗人协会，建立了一支数量可观的科学诗创作队伍。此后，由于多种原因，坚持从事科学诗创作的作者越来越少。虽然一些诗人和业余作者偶尔发表过一些科学诗作，但是真正坚持下来写作科学诗的作者屈指可数。因此，大力加强科学诗创作队伍的建设，培养优秀的科学诗创作人才，便成为迫切需要解决的问题。

（二）传播平台问题

随着互联网和多媒体现代科技的发展，网络传播已经成为繁荣科普创作的重要平台。因此，充分利用电视、网络平台，选择优秀作品制作成视频、音频，开辟科学诗传播的专栏，介绍优秀科学诗人的创作成就，写作科学诗的评介文章，组织科学诗的征文活动，奖励优秀的科学诗著作和作品，举办科学诗专场朗诵会，推荐优秀诗人加入各级作家协会，对繁荣科学诗的创作、扩大科学诗在群众中的影响将会起到重要作用。

（三）创作内容问题

科学诗同其他科学文艺作品一样，必须积极探索科学诗歌内容和形式的创新。科学诗不能仅仅是诠释科学知识，描述花鸟鱼虫，诗歌不能见物不见人，人是创造科学、发展科学的主体，以人为本，表现科技工作者在科学创造中的艰苦奋斗历程，弘扬他们在科学攀登中的科学思想、科学精神、科学方法，以及他们的爱国主义、无私奉献精神和高尚品德，表现科技发展的曲折历程和重大事件、重要成就，是科学诗创作的重要内容。进一步拓宽创作题材和内容，无疑是科学诗人面临的重要任务。通览2016～2017年我国科学诗的创作题材，可以发现已经发生很大变化。歌颂科学人物、科学精神的作品无论是数量和质量，都有很大提高，影响不断扩大。但是，歌颂科技事件、科技成果、科学思想、科学精神的力作凤毛麟角，还远远不够，需加强这方面作品的创作。

2016～2017 年的中国科普美术创作

姚利芬

　　科普美术作为美术的子品种，在近两年的发展中越来越呈现出与科技发展高度融合，开始走向产业化，立体、多元的发展态势。当代科普美术形态丰富涌现，在一定程度上拓展了科普美术的内涵，"物质""三维""静态"等限定的界限被不断地突破。网络美术、数码传统影像等新的手段，装置艺术、观念艺术、行为艺术等新的表达方式在丰富美术内容的同时，也使得美术的界限变得模糊。在这种对美术认知越来越包容的大的社会语境下，对科普美术发展的认知，包括画家、作品、活动、影响等也只能做出一种开放式的认定，承认其内涵和外延的不断变化和扩展。

　　2016～2017 年，中国科普美术的发展呈现出组织活动频繁、作品形态多元、科学艺术产业渐起的特点，下面分别从这四个维度进行说明。

一、科学与艺术相关组织活动频繁

　　2016 年 11 月，经中央宣传部批准，由中国文学艺术界联合会、财

作者简介：姚利芬，文学博士，中国科普研究所助理研究员，《科普创作》编辑，主要研究方向为科普科幻创作。

政部、文化部共同主办，中国美术家协会承办的"中华文明历史题材美术创作工程"在广大美术家的共同参与和努力下，历经 5 年时间的认真创作和精心打磨如期完成，由 146 件（幅）作品构成恢宏壮观的"中华史诗美术大展"，其中有 25 件（幅）作品涉及农医天算等科技内容。这是继 1979 年全国科普美展，2012 年由中国科普作家协会、中国科普研究所和北京天文馆联合主办的"科学美术之光——全国科普美术作品展"之后的又一重要美展。

2016～2017 年，以山东省、浙江省、江苏省等地为代表的地方科普美术组织较为活跃，表现为不断有科普美术协会注册成立，组织科普美术竞赛与美展活动，出版科普绘画集，不断吸纳新生力量充实补充到科普创作队伍中来。以江苏省为例，2016 年 1 月召开江苏省科普美术家协会第六届一次会员大会，新一任理事长何晓佑在会上做了《江苏省科普美术家协会今后五年工作计划》的报告，提出高举"科学与艺术"的旗帜，助力创新驱动发展；集聚科学与艺术的力量，促进科学与艺术融合发展；发展协会组织，充分激发社团活力；构建"五个一"工程，走好第六届协会发展第一步等四个主题内容的发展思路和设想。2016 年 3 月，镇江市科普美术家协会成立，新当选的协会主席李恒称，协会将构建"五个一工程"，即创办"镇江市科学美术艺术大展"，设立"镇江市科普美术艺术创新奖"，创办"镇江市科学与美术艺术论坛"，组织开展"镇江市科学与美术艺术沙龙"系列活动，编辑出版《镇江市科学与美术艺术研究文集》。[①]

2016～2017 年，科普美术领域相关重要的展览活动及会议如下。

2016 年 9 月 11 日，由清华大学主办，清华大学美术学院、艺术与科学研究中心和艺术博物馆共同承办的 2016 第四届艺术与科学国际学术研讨会在清华大学美术学院举办。来自 5 个国家共 12 位专家分别进行主题演讲，共同探讨艺术与科学之间的关系。同期，清华大学艺

---

① 李计亮. 第六届江苏省科普美术家协会会员代表大会[EB/OL] [2018-02-19]. http://blog. sina.com.cn/s/blog_4acc8fbf0102vykd.html.

术博物馆特展"对话列奥纳多·达·芬奇：第四届艺术与科学国际作品展"。①

2016 年"院士春秋论坛"在新疆维吾尔自治区喀什地区麦盖提县举行，来自中国科学院、中国工程院的十多位院士与上海艺术家就艺术、科学、人文与自然等话题进行了跨界交流研讨。②

2016 年 9 月，由北京市科学技术协会指导，北京数字科普协会、北京联合大学和中国科学院网络科普联盟联合主办的"2016 年科学与艺术研讨会"在北京联合大学举行，研讨会的主题为"科学与艺术·绿色、创新与协调发展"。会上深入探讨了科学与艺术之间的关系，探究科学艺术与社会、教育、技术、媒体、传播、农业、科普之间的融合，探究如何推动科技与文化艺术融合创新，如何推动新科技产品、文化产品、文化服务新业态普惠公众。③

2017 年 3 月 1 日，中国科普作家协会科普美术专业委员会工作会议在中关村互联网文化创意产业园 20 号楼召开。

2017 年 5 月 10 日，中央美术学院艺术与科技中心成立，中心经由"2017 年度列奥纳多艺术、科学与技术系列讲座"的契机举行了简洁的落成仪式。

2017 年 11 月 7 日～12 月 7 日，中央美术学院举办首届"EAST-科技艺术季"，来自英国、加拿大、德国、澳大利亚、荷兰、中国台湾、中国香港、中国澳门的顶尖大学、艺术院校、艺术机构、科研机构和创新企业，通过两个顶级学术会议、三个国际工作坊、系列重磅跨界讲座，展开一场头脑风暴，探讨技术与创造的关系，既包含丰富

---

① 艺术中国. 清华大学召开 2016 年第四届艺术与科学国际学术研讨会[EB/OL] [2018-03-09]. http://art.china.cn/zixun/2016-09/12/content_9028404.htm.

② 东方早报. 2016 院士春秋论坛：科学、艺术的分与合[EB/OL] [2018-03-09]. http://www. 360doc.com/content/16/1001/20/36144871_595156117.shtml.

③ 联大艺术学院. 2016 年科学与艺术研讨会在北京联合大学召开[EB/OL] [2018-03-09]. http://www.beijingmuseum.gov.cn/art/2016/9/23/art_18022_319919.html.

深刻的理论探讨，又引入直接的产业实践交流。①

2017 年 11 月 28 日，由诺贝尔物理学奖获得者、著名科学家李政道倡导，中华国际科学交流基金会发起主办，近 200 位中国科学院与中国工程院院士、艺术家响应参与的科学与艺术委员会在中国国家博物馆成立。②

2017 年 11 月 29 日，上海交通大学李政道科学与艺术作品展在上海开幕，本次活动首次启动三幅主题画同时创作、同步揭幕，多角度诠释科学主题。三位国内知名艺术家分别作为管理者、"学院派"、自由艺术家倾情创作了各具特色的主题画：四川省文化厅厅长周思源的《天斧神功》、四川美术学院副院长张杰的《邂逅》、香港美术家协会副主席肖波的《量子星空》，各自从不同的角度多维度、立体化诠释"量子与拓扑"这一科学主题，向世人传递科学与艺术交融的美妙意蕴。③

除此之外，2016～2017 年还有科学艺术主题的研讨会召开，说明了"学院派"对科普美术的重视。浙江大学作为国内学科门类最为齐全的综合性大学之一，一直致力于推进艺术与科学的交叉研究和人才培养。2017 年 12 月 4 日，浙江大学举办"艺术与科学"高峰论坛。国内外专家学者共济一堂，共同探讨艺术与科学之纷繁议题，分享各领域前沿成果。各专家围绕人工智能、脑神经科学与神经元艺术史、艺术与智性、新媒体艺术与数字创意产业、文化遗产保护与书画鉴定、陶瓷科学与艺术、艺术与科学发展史等议题展开讨论。

专门的艺术院校也不落后，2017 年 12 月 9 日，"艺术与科学学术论坛"在四川美术学院拉开帷幕。本次活动由四川美术学院主办，论坛上，来自全国研究科普、艺术、哲学、人工智能、展览等方面的专家学者从

① 中央美术学院. 中央美术学院艺术与科技中心成立[EB/OL] [2018-03-09]. http://www. sohu.com/a/140150645_184457.

② 潘希. 中华国际科学交流基金会"科学与艺术委员会"成立[EB/OL] [2018-03-09]. http://news. sciencenet.cn/htmlnews/2017/11/395445.shtm.

③ 上海交通大学. 91 岁的李政道先生发来贺信，交大这个展不一般[EB/OL] [2018-03-09]. http://www.sohu.com/a/206689956_407267.

各自的专业角度出发，分别围绕"艺术与科学·专业之美""艺术与科学·融通之妙""艺术与科学·人文之道"三个主题展开对话。

科普界的研究机构、出版传播部门也在这方面给予了重视，2016年，中国科普研究所启动了"新媒体形势下科普美术的发展"项目，并于当年 10 月联合浙江省科学技术协会、中国美术学院召开了"新媒体形势下科普美术的发展"研讨会。2017 年 12 月 22 日，重庆市大学科学传播研究会在《大学科普》编辑部召开"科学技术与文学艺术"科普交流座谈会，进一步促进和推动了科学技术与文学艺术科普创作方面的协同发展。

二、更为多元的作品形态

（一）传统科普美术作品：追求人文与精细化

2016～2017 年的传统科普美术创作进一步受到新媒体技术的冲击，较上一阶段的发展态势有所委顿。"老牌"的科普美术画家仍然以早已成名的田如森、喻京川、吴桐春、刘蔚、徐刚等为主，这些作者围绕某一主题门类汇聚，形成代表的创作流派，太空美术即是其例。其中，田如森以航空美术见长，吴桐春聚力于星云美术，徐刚致力于星图、星官等天文科普星象的绘制，喻京川和刘蔚主攻太空科幻、太空科普美术。近两年的创作活动及成果如下。

喻京川近两年的绘画表现出科技与人文、幻想融合的特质，一改以往单纯以科技知识的传递为旨归的创作意涵。如作品《月宫》意指中国人走到哪里，中华文明就将延伸到哪里，月球、更遥远的太空也不例外。其画面设定为：在人工大气的笼罩下，月球上的人可以不用穿戴宇航服就能走出基地来到非封闭之开放的月球环境中。喻京川自 20 世纪 90 年代在李元先生的带领下从事太空美术的研究与创作，迄今已创作了两百余幅太空主题的科普作品，并有太空美术主题的研究性文章发表。他兼长传统创作形式与新媒体创作形式，新老交叠的融合性在他的身上表现得较为明显。他几乎成为中国太空美术的标杆性人物。

2016 年 8 月 13 日，成都首个太空美术展——喻京川太空美术艺术展在成都保利·大都汇开幕。作为新华网 2016 成都国际科幻电影周的系列活动之一，该画展持续至 8 月 20 日。画展开幕首日，已有数百名观众慕名前往观看，并且吸引了以色列的珊妮带队临摹喻京川 20 年前的作品《玉夫座车轮星系》。

因钱学森逝世而萌生了"想为中国的科学家画像"念头的中国科普作家协会的画师杜爱军，自 2010 年开始创作科学家肖像油画系列，截至 2018 年已创作作品 90 余幅，中国科学技术协会机关工会于 2016 年 12 月为其再次举办科学家风采肖像画展，这是自 2014 年 9 月第一次举办后第二次专门为杜爱军举办的科学家肖像画展。自 2017 年开始，杜爱军的人物肖像创作开始朝着超写实美术的方向迈进，其作品看上去"比照片还要真实"，超写实画更能表达作者的内心及对科学家精神气质的理解。

徐刚与北京天文馆科普工作者王燕平联手创作的《星空帝国：中国古代星宿揭秘》（2016 年出版）是这一时期天文美术的成果，该书以吟诵中国星象的权威著作《步天歌》为线索，配以作者首创的中国星官形象，通过图解的形式向读者揭示了中国古代星官体系的秘密。书中涵盖了历史典故、诗词歌赋、书画碑拓等中国文化元素，又融合现代天文知识，既饱含文化色彩，又不失科学性、趣味性和生动性，是一部科普与人文相结合的佳作。[①]

2017 年 9 月，《太空美术简史》的出版，是科普美术界的一大美事。该书全面呈现了从过去到现在形式多样的太空艺术作品，除了绘画及雕塑作品外，还收录了大众媒体上的插画和电影海报。该书涵盖我们居住的太阳系、系外空间、宇宙飞船和空间站、太空殖民，以及外星生命，探讨了这些艺术创作的历史背景和现实技术，还特别包含了顶尖艺术家专题及太空艺术发展过程中有趣的片段，如 20 世纪 50

---

① 徐刚，王燕平. 星空帝国：中国古代星宿揭秘[M].北京：人民邮电出版社，2016.

年代的 *Collier* 杂志的太空计划和 1835 年的登月大骗局。全书共包括 350 余幅插图，出自全球 25 名艺术家之手。在该书中，艺术家、科幻作家、雨果奖获得者罗恩·米勒带领我们走上一段令人大开眼界的旅途，进入太空艺术的世界，对于天文爱好者、艺术爱好者和科幻迷都极具吸引力。①

（二）新媒体科普美术作品："科学+艺术"的开阔跨界特征

发生在新媒体背景下的美术形态，是从无到有的创世纪之举。新媒体科普美术是指科普美术创作者凭借新科技外化手段与媒介而创造视觉新呈现形式，借此传播科学知识、科学精神、科学思维的艺术形态。新媒体科普美术的创作观念、方式、实现、传播、接受等方面都与传统形态的科普美术创作有了很大的差别。综合来看，科普美术已逐渐迈出科普的工具化束围，呈现出"科学+艺术"面向的更为开阔的跨界特征。缤纷各异的新媒体科普美术作品一般会不同程度地显现这些特点：大集成综合性、艺术科技一体性、互动意义生成性、奇幻虚拟视觉表现性、外化方式无边际性、过程情境性、联结复杂性、新空间拓展性等。②这一时期的新媒体代表创作流派、艺术家及相关作品如下。

2016 年 9 月在北京举办的"媒体艺术双年展"，选取的主题是"技术伦理"，来自各国的艺术家从大数据、人工智能、虚拟现实、生物基因技术与元科学五大科技支柱等热点话题切入"技术伦理"主题，与公众一同思考未来科技可能产生的前所未有的新伦理问题，以及审视现有科技在实际应用中已经导致的伦理危机。这些问题显示出在技术不断更新的时期艺术家作品与艺术系统之间不断变化着的关系。例如，在北京媒体艺术双年展上吴珏辉的作品"响尾蛇"，运用到的媒介有互动、通信、电子装置等。

新媒体科普美术的艺术与科技天然同构一体的紧密性十分突出。

---

① 春华书城. 2017 年最美的书都在这了[EB/OL] [2018-03-09]. https://www.douban.com/note/651398444/.

② 马晓翔. 新媒体艺术研究范式的创新与转换[M]. 南京：东南大学出版社，2016.

在理解新媒体科普美术作品时，对科技因素的了解是一个必要内容。互动意义生成性是新媒体科普美术的一个显著特点。意义的生成在新媒体背景下并不是以一种单线性的模式来提出和消费的，而是通过各种交换来协商、分布、转化和分层的，作者这一角色的权利在这个过程中也被分解了。①

2016 年 3 月，"艺术与科学——蔡文颖创作成就学术研讨会"在中国美术馆举办，美术理论家邵大箴主持研讨会，靳尚谊、范迪安、吴为山等美术界学者、艺术家参加研讨活动。蔡文颖是一位画家、工程师和雕塑家，自 20 世纪 60 年代起就开始创作由电子和计算机控制的雕塑。蔡文颖对世界的贡献，在于他能用他开创的动感雕塑（cybernetic sculpture），捕捉和再现大自然的辉煌。蔡文颖的作品已经在世界各地的一流博物馆展出并被收藏，其中包括纽约现代艺术博物馆、巴黎蓬皮杜国家艺术文化中心和伦敦泰特美术馆。他的雕塑利用金属、玻璃纤维和光来重现植物状的有机形体，在颤动和炫目中，配合周围环境中的声音和音乐翩翩起舞。蔡文颖所创作的迷人的雕塑，是艺术和科技微妙结合的成果，这种结合使不可能做到的事不但具有说服力，而且极富诱惑力。

新媒体科普美术的创作动机、观念、借用学科、运用材料、展示方式等是很复杂的。因此，联结复杂性也是新媒体美术的一个基本特点。新媒体科普美术还表现在新空间拓展特性方面，一是新媒体艺术对现有认知空间的充实，二是对未知空间的新发现。因为，新媒体科普美术总是在不断追求观念上革新、作品上原创、形式上创新等，所以说，新媒体科普美术有非常大的生长空间。

总之，对新媒体科普美术的理解是一个不断探索和深化的过程。审视理解新媒体科普美术作品，宜关注作品显现的艺术观念、创作动机、价值意图、难度系数、表现手段、呈现形式、艺术水平、传播效

---

① [英]贝丽尔·格雷厄姆，萨拉·库克. 龙星如，译. 重思策展：新媒体后的艺术[M]. 北京：清华大学出版社，2016.

果等内容。2016～2017年是科学与艺术大融合、大发展的两年，无论是科学界还是艺术界均在寻求交流与合作，一致认为两者必在"山峰相遇"。

三、奋力发展的科学艺术产业：与创新携手，寻求应用价值的实现

随着艺术与科技的关系不断融合发展，研发、供应链与商业模式等方面也需要重新融合。科技将渗入未来艺术创作的每一寸肌理，由此对艺术产业带来巨大冲击和结构挑战。例如，科技可以与时尚设计实现融合，并由此切入产业化发展。科普美术已扩展到科学与艺术融合的更大的范畴，并初步与企业联手，尝试产业化的深度融合。

2016年11月，"科学与艺术的跨界"院士沙龙在2016应博会①期间举行，与会专家分享了关于中国科技制造的现状及未来，探讨了人文、科技与艺术之间的跨界和创新空间，并首次在广东提出建立"科艺联盟"的倡议。中国科学院院士、探月工程总设计师孙家栋提出，"要以双创精神来推动国家发展。广东地区对新事物吸收比较快，和其他专业的跨界合作会产生有效的经济效果。尤其是和艺术跨界的融合，会提高科技产品的价值。"欧阳自远指出，"科学和艺术的跨界融合正发挥着前所未有的作用，这将会变成一个巨大的产业，我们应该迎接这种挑战，迎接这种未来。"②

2017年11月，中央美术学院首届EAST-科技艺术季企业创新论坛就是产业化的一次推进，该论坛聚集了世界顶级综合大学、艺术学院、科技巨头、创新企业、先锋个体。这次学术会议专门设计了一

① 应博会由广东国际应用科技交易博览会在广州国际采购中心举办。围绕将广东打造成"一带一路"的战略枢纽、经贸合作中心和重要引擎的定位，应博会以"共享合作，智造创新"为主题，聚焦先进科技创新和制造领域，搭建应用科技交易社交平台。
② 映象网."科学与艺术跨界融合"院士沙龙在2016应博会举行[EB/OL] [2018-03-12].https://m. huanqiu.com/r/MV8wXzk3MzA4MDJfOTBfMTQ4MDAzOTEwOQ==.

个企业创新论坛，这在中央美术学院并不多见。这一案例说明，企业的创新的触角伸展到艺术及科技的方方面面，联袂成为整个社会创新的重要组成部分。当今，有越来越多的企业并不仅仅以市场利益作为指标，它们的社会责任意识日益觉醒，从全人类文明的角度思考生活方式的自觉日益清晰。打破思维疆界，企业、科技与艺术深度互通的时代已经到来。

新媒体科学艺术的实践与研究目前已在诸如中央美术学院等高校推进实施，中央美术学院自 2016 年起大力推进科技与艺术融合的创新实验室的筹建，实验室将在四个层面上实现输出。一是科技输出，很多未来的科技产品可以从这里孵化出来样本。例如空气净化项目，技术团队与艺术设计人员合作，于 48 小时内将产品在实验室中孵化出来。二是艺术输出，艺术加工最重要的一个作用是把知识转化为具有通感体验的媒介，不能产生通感体验的不可能最大化地传播。三是科普输出，实验室成果可以用于科普展览，使公众及时体验新的材料和新的公益。四是教育输出，既可以针对中小学教育，也可以针对高校教育及公众教育。

中央美术学院作为国内美术院校的领头羊，在这方面进行了诸多创新实践。例如与国内一家人工智能公司合作，成立"人工智能工作坊"，技术团队加入工作坊中与艺术工作者合作，生产出各种各样的想法和创意，再将其做成原形，它是艺术高校中第一个人工智能工作坊。再如"亲子工作坊"中的"AR 音乐盒工作坊"，父母带着孩子来参与动手，可以亲手制作一个乐器，现场就可以弹奏，在亲手实践中理解什么叫增强现实（AR）技术，这是很好的公共教育实践项目。

未来几年，科技+艺术+产业的融合会引发一大批新人加入，中国目前缺乏这种将艺术人员、工程人员、科学人员联合起来跨学科协作搞创新的合作模式，这样的平台也远远不够，真正意义上的、全面的和科学技术人员的合作尚未展开。

四、科普美术的发展建议

在当今新媒体大背景下的开放式发展语境中，无论是传统科普美术还是新媒体科普美术，均面临来自日新月异的科技新知与受众审美趣味不断更新的挑战，这意味着要在创作模式、表现手段、受众互动体验等方面与时俱进、推陈出新。

（一）传统科普美术发展的困境与对策

传统科普美术在新媒体背景的大环境下，从作者队伍建设、作品创作和受众传播等方面表现出某种程度上的不适应，均面临转型，单纯的图片宣传式的传播模式显然与强调互动多感官体验的时代需求不相适应。

1. 加强整合传统科普美术创作力量

政府和科普美术工作者应当发挥积极主动性，通过举办科普美展等方式加强与出版单位、画商等方面的合作，建立各方合作机制与平台。

科普美术发展的第一个时期（1949~1989 年），科普美术工作者多集聚在出版社、杂志社，一般为编制内人员，其创作多为命题式，作品出来不用发愁刊载平台。20 世纪 90 年代，随着商品经济大潮的冲击及新媒体技术的推广与应用，原有的美术编辑队伍也渐成萎缩态势。2010 年年底前，中央各部门各单位 148 家经营性出版社已全部转制为企业，其所属报纸、期刊、音像、电子等经营性出版单位一并转为企业，很多出版社出于人员配备的经济考量，进一步削减美术编辑编制。以科学普及出版社为例，20 世纪 80 年代配备的美术编辑人员有 10 名左右，1988 年后，美编人员因调离、出国等原因开始流失。目前，那些原本有可能充实到科普美术创作队伍中来的、受过科班美术训练的人员散落在新闻报刊、电子出版、广告传播、网络公司、数码影视广告、企事业单位宣传设计策划部门等，即便创作科普美术作品，也多是出于兴趣的自发式创作，未就科普美术创作的议题形成合力，也无从有效地与出版单位达成合作。例如中国科普研究所杜爱军，20 世纪 90 年代初从科学普及出版社调至中国科普研究所后，长时间以来处于寻找创作方向的阶段，直到 2010 年开始创作科学人物肖像画系列，其创作动机主要源自兴趣支撑。此外，从市场需求来看，优秀的科普美术作者仍然遍寻难求，出版单位寻找科普美术创作者主要靠社交熟人推荐。科普作家霞子在为自己创作的长篇科学童话《酷蚁安特儿》系列配图时曾花了三个月的时间，才在北京寻找到合适的插画作者。

整合并发展科普美术创作力量。一方面，由科协等部门牵头，定期举办全国科普美展，将一线的美术院校的老师、出版商、画商吸引过来，促进交流，扩大影响力，团结壮大创作群体，形成良性循环，繁荣科普美术创作；从中央到地方的科普美术协会要不断扩充队伍，通过竞赛或推荐等途径发展新会员；科研机构应当将科普美术的人才资源充分利用起来，例如，美术创作者可以为研究课题配插图，使原本枯燥的文字表述变得形象生动。中国科学院国家天文台几个研究小组曾聘用喻京川为他们的研究课题配插图，喻京川利用电脑绘画很快做好了配图。美国的科研机构常在某一科研成果出来或是科学实验进行之前，聘请很多艺术家来为其绘画宣传，原理图、原理动画、原理电影都做出来了，这几乎成为一种流行趋势，美国国家航空航天局（NASA）网站几乎每一个研究项目都有配图（并非图表），而且是真正的艺术性配图，通过这种方式将新科技与艺术很好地结合起来。相比之下，我国的嫦娥探月等航天工程，公众看到的更多的限于拍摄到的少部分照片。另一方面，政府应鼓励民间成立科普美术工作室或文化公司，鼓励创新，激活民间力量。无论是各级美术协会还是民间企业团体，都要主动走出去，与有需求的出版单位建立联系，形成需求对接，搭建合作机制与平台。

2. 充分利用新媒体技术手段，促进传统科普美术创作转型升级

应加强新媒体背景下传统科普美术创作队伍的素质与能力提升，新媒体背景下的传统科普美术工作者应当"三手抓"，具备以下三种基本素质。

一是过硬的绘画功底，这是美术工作者安身立命之本。

二是严谨的科学精神与缜密的科学思维，有获取科技新知的能力。当下是科技新知不断刷新认知的时代，这对传统的科普美术创作者的挑战要远大于新媒体科普美术作者。缪印堂在接受采访时表示，常因对科技新知掌握不够而无从下笔，李元先生很早就致力于太空美术的引领与开拓，他曾表示，要想画得好天文的东西必须掌握得非常精确，比如在土卫三看土星，土星大小有多大，它的视圆面有多大，必须按照它的比例来画，而不是瞎想，在土卫三上画一个很小或很大的土星，这个比例要是搞不懂，就无从下笔。科学性是科普美术作品区别于一般美术作品的最大特质，也是创作的难点，要求科普美术创作者必须以科学精神和科学思维来指导创作。

三是与时俱进的学习能力，善于借助新媒体新技术进行创作，促进创作转型升级。传统科普美术作者单打独斗地绘制一幅作品常常需要一两周甚至更长的时间，从时效性来看，远不如摄影来得迅捷逼真，而且还有容易"过气"的风险，在某种程度上也降低了画作的收藏价值，比如20世纪七八十年代的实用农林科普绘画可能会因为技术的更新换代而变得不再"实用"。传统科普美术工作者适时借助电脑等进行创作可以提升绘制效率，北京天文馆的喻京川手绘与电脑绘制并进，他的部分作品即用电脑创作而成。

基于科普所涉学科的庞杂及特殊性，创作者还要结合自己的兴趣和精力，有意识地发展某一学科领域的科普美术创作，形成这一领域科技知识的长期积累，这是持续创作的保障，也有利于作者打造自身绘画品牌。综合来看，我国科普美术涉及学科品种较为单一，只初步形成了以太空为题材的美术创作队伍，其他学科领域并未发展起来，有待丰富和开拓。这需要科普美术创作者找到突破口及好的题材，比如海洋题材，可以画海底世界里的生物，或者描绘人类将来在海底的活动，国外就有专门画海洋生物的画家，将海洋生物与星空结合起来，进行科幻想象创作。

如何把握科学性，绘出灵动性，体现创新性，这就要求创作者不仅要树立科学精神，培育科学思维，还要主动与科学家和科普科幻文字作者沟通，要虚心请教，不怕吃苦。以《酷蚁安特儿》系列的作者霞子与插画师的沟通磨合为例，霞子找到插画作者后，多次将其请到家中，交流创作想法以及蚂蚁的科学知识，直到把插画师也培养成了一名酷蚁安特儿"蚂蚁迷"，自然，这名插画师也创作出了灵动而具神韵的蚂蚁形象。可见，充分有效的沟通交流是作品绘制成功的保障。

3. 传统科普美术作品面临传播困境，政府应当牵头搭建合作平台，助力推广传播

科普画作常因专业知识所限，会存在一定的欣赏门槛，难免造成曲高和寡的局面，商业推广可能性很小。以吴同椿的星云美术为例，从天文学视角来看是具有开创性的优秀画作，但因其具有一定的超现实意义，这些色彩绚烂的星团在普通大众眼里或许不过是没有什么看点的，甚至有些枯燥的"彩色的点子"。加上星云美术本来就是小众，对其感兴趣的人很少，较强的专业知识门槛又进一步限制了它的普及性，其传播必然容易走向"死胡同"。

推动传播科普美术作品的传播，政府应主动牵头，搭建美术创作者与科技馆、学校等需求方的合作，通过巡展、张贴挂图的方式来进行推广。对于有价值的科普画作，政府可以采取购买的方式将其作为公共文化财产收藏。

推动传播科普美术作品的传播，还要转变思路，多方开发科普美术作品衍生的科技文化产品，再将其推向市场。在这方面，日本的做法值得我们借鉴，他们将科技设计做成工艺品来销售，日本天文插画家加贺谷穰把他的画作做成装饰画或小卡片，或将其印制在铅笔盒、

笔上，甚至是一些衣服、水杯等上面来销售。国内的科技场馆可以牵头与工艺品商、玩具商联手合作，开发科普美术文化产品，在场馆售卖或推向市场。再如，杜爱军的科学家肖像画可以印刷成画册，或者在学校走廊、教室、实验室中张贴。

每一种美术作品类型都携带着自身特有的历史属性和现实属性，在满足人类审美需求方面的独特功能都是不可替代的。这就决定了我们对传统美术必须采取继承和发扬的态度，只有这样，才能真正处理好传统科普美术作品与汹涌而来的新媒体时代之间的关系。

（二）新媒体科普美术的蜕变与创新

传统理解上，科普的典型形式是活动、讲座、展览等，传播形式较为单一，而新媒体背景下的科普美术其外延已扩展到艺术甚至文化。传统的科普美术工作者被艺术科技设计人员置换，其工作场所也不再是传统意义上的画室，而是科技艺术融合的创新实验室，这是对传统科普美术"黑板报式的传播模式"的极大更新与颠覆。

科学艺术融合创新实验模式是在我国"双创"背景下诞生的科普美术的新生儿，亟须政策引导与资金扶持。新媒体科普美术将创新与创业相关联，用创业牵引创新，实现艺术与科技、产学研的自然贯通，在这一过程中会产生很多新业态、新模式，并使传统的科普美术领域被大大拓展。

1. 充分利用现有的新媒体技术，力争在创作题材和手段上均达到创新，同时注重中国元素的发掘

科普美术需要从内容和渠道着手，也就是题材和手段的创新。在题材的选取上，可结合前沿科技和流行科技主题，进行艺术化的创作。例如，科幻是科普美术重要的分支，与科学技术的发展呈正相关，也是科技的"晴雨表"，科幻基于已有科学原理，对未来世界进行展望与勾勒。创作者可结合科技内容，并利用虚拟现实技术、增强现实技术、三维（3D）等发展中的媒体传播技术，提升前沿科技和科幻主题的艺

术感知度。

科普美术民族性在创作中亦不可忽略，尤其在当今时代更有其价值和意义。它指的是指运用本民族独有的艺术形式和手法来创作反映科普科幻内容的美术作品，同时又具有民族气派和民族风格。民族性是一个民族生存和发展的精神纽带，是民族智慧的凝结及承续，体现了本民族文化艺术的历史积淀、时代精神与风貌，其自身就具有本民族的印迹与特色。世界各国艺术的源起与成长均离不开本土性，即民族性。长期以来，中国动画中的木偶剧、皮影艺术、剪纸艺术到令世界惊叹的水墨动画，均可以看到丰富的中国元素。例如，"数字故宫"的文创项目以虚拟动画的创意活化传统原型，收到了良好的效果。

2. 提升新媒体背景下作品的艺术性、精准性、通感性、交互性的设计

当今时代是一个尤其强调自媒体和交互分享的时代，用户不再是黑板报式的单维接收者，他们利用手中的移动终端，开始参与生产过程、创作过程与传播过程。文学修辞中的"通感"开始在这个时代充分体现，早已推进多年的融媒体实践恨不能"霸占"人的各路感官，传播的立体也需要创作形式做出相应的改变，如何以受众的多感官立体化的需求和期待为核心进行创作，是当今时代的艺术工作者需要考虑的命题。

不同类型的创制形式吸引的受众群也不一样，比如，美国大片的主要受众群为成年男性，特别是 20～30 岁的年轻人；韩国的爱情剧则有强烈的女性化叙事特征，其受众为年轻女性群体；日本以漫画业为大宗，有明确的市场细分，从儿童、青少年到家庭主妇和中年男子，把各年龄段、各阶层的受众网罗其中，以杂志载体举例，主要包括少年漫画、少女漫画、女性漫画、男性漫画等，其中少年漫画占据了 40%的市场，主要是中小学男生。因此，科普美术也需要针对不同的受众群进行细分，我国五大重点科普人群是未成年人、农民、城镇劳动者、领导干部和公务员、社区居民，面对这五类不同受教育程度和不同生

存状态的科普受众，需要增强在新媒体时代的精准定位。①

3. 构建人才创新环境，形成资源共享互换的良性循环共生组合，重视科普美术作品产出和社会化媒体运营

新媒体技术艺术创作是当前艺术创作的新方向，科学艺术也在向着大型项目发展，对人才的要求也愈加强调复合性，懂技术的与懂艺术的人共同合作是完成大型艺术项目的重要保障。在这种时代背景下，工作室模式也应运而生，科学艺术项目的推进明显呈现出媒介融合的趋势。科普美术作品在创作完成后，更需要重视社会化运营，除了通过新型在线媒体的官方宣传，也需要微信、微博等自媒体传播渠道，以快速而经济的方式聚集粉丝传播作品。②全球各地的科学艺术工作者都可以跨越时空约束，共同进行创意并利用虚拟现实技术交互参与，从而缩短创作时间，节约创作成本，提升作品质量，构建资源共享交互良性循环生态链。

摒弃垂直机制，建立科学艺术融合创新的平台机制，培养复合型创新人才。之前的垂直机制是单向的政令引导制，典型的做法是科普日、科技周的科普模式，而新的平台其本质就是"交互"，是功能引导的自主制形式。"艺术+科技"的融合创新实验室依此将形成贯通的开放式路径，一头连接公众，主动走向社区、学校，为公众带来科普通感新体验；另一头则有意识地桥接企业，形成创新产品生产链条，及时将创新产品推向市场。

科学艺术融合创新实验模式是在我国"双创"背景下诞生的科普美术的新生儿，亟须政策引导与资金扶持。新媒体科普美术将创新与创业相关联，用创业牵引创新，实现艺术与科技、产学研的自然贯通，在这一过程中会产生很多新业态、新模式，并使传统的科普美术领域被大大拓展。

①② 俞梁. 论新媒体环境下科普美术创作变革[J].科普，2017（3）：67.

2016～2017 年的中国科普特种电影创作

杨 波

在国外并没有"科普电影"这一概念，但以美国探索传媒集团（Discovery）、美国国家地理频道、英国广播公司（BBC）为代表的机构，生产了大量以自然生态、天文地理、科技探索等为题材的电视纪录片和记录电影。我国科普电影的发展历史可以追溯到中华人民共和国成立前。在发展早期，与西方国家的水平并没有太大差距。然而由于经济发展的落后，我国科普电影发展与国外不断拉大了差距。至 20 世纪 90 年代末，传统的国产"科教片"基本绝迹。随着特效影院在国内科普场馆中的快速发展，科普特种电影市场越来越大，这使得国产科普电影绝处逢生，转向以"特种电影"的形式进行创作。

目前，国产科普特种电影创作还处于艰难的发展初期。虽然不乏亮点，但总体而言，作品数量和质量还不能尽如人意。本文是对 2016～2017 年科普特种电影创作的分析和研究。

作者简介：杨波，上海科技馆科学影视中心高级工程师，主要研究方向为科普电影教育。著有动漫科普图书《细菌大作战》《蛟龙探海》，并先后发表《科普特种电影传播效果的调查研究》等学术论文 10 余篇。

一、科普特种电影简介

（一）科普特种电影成为科普新利器

特种电影在国内外学术界并没有明确定义，在国内也有人称之为特效电影。在国家广播电影电视总局《关于加强特种电影统一进口管理的通知》（广影字〔2004〕第 067 号）中提到，"近年来我国特种电影（如 3D 立体电影、IMAX 巨幕、球幕、环幕及动感等非常规电影）发展较快……"①可以看出，特种电影是区别于常规电影的，特效是两者最大的差别。科普特种电影，是指那些在巨幕、球幕、环幕、4D 等特效影院放映的、具有超强特效的科普电影。与传统科教片不同，科普特种电影具有视觉、听觉甚至触觉、嗅觉特效，使观众能身临其境地体验科学和自然的巨大奥妙，欣赏真正的科学美、自然美，更具趣味性、娱乐性，体现了寓教于乐。在欧美发达国家，特种电影用于科普教育已经有五十多年时间，是科普场馆提供科学教育不可或缺的重要手段。

20 世纪 90 年代，由于国家经济发展和社会进步，网络、电视、手机等已经是生活必备品，人们获取科学信息的渠道越来越广泛，越来越便利。以传播科学知识为主要目的、风格严肃的传统科普电影逐渐从影院中淡出。科普电影是不是已经没有市场而应该退出历史舞台呢？事实恰恰相反。与 20 年前相比，人们的物质生活已经大大改善，科技产品随处可见，充斥于人们的生活中，各种智能化、信息化产品比比皆是。另外，由于环境、食品安全、气候等引发的各种问题与人们的生活密切相关。如果没有基本的科学素养和科学常识，必将严重

---

① 中国电影发行放映协会. 关于加强特种电影统一进口管理的通知[EB/OL] [2004-02-13]. http://www.chinafilm. org.cn/Item/Show.asp?m=1&d=8343.

影响生活品质。科学、技术对公民的影响力之大前所未有。①这大大激发了人们对科学、技术的渴求。但是，科普的内容、形式、传播渠道都应与时俱进才能适应时代的发展和需要。2000 年后，随着《中华人民共和国科学技术普及法》等法规的具体落实，国内科技馆、自然博物馆、天文馆等大批科普场馆如雨后春笋般地涌现，科普特效影院也越来越多。2010 年上海世博会期间，沙特馆、石油馆的特种电影引起了公众的极大关注，受到前所未有的欢迎。近些年新建、改建的科普场馆中，特效影院几乎成了新馆的标配。科普特种电影正在成为我国科学教育的新利器。

（二）我国科普特种电影的创作

我国的科普特种电影创作起步于 4D 影院设备供应商。十几年前，国内一些厂商开始生产 4D 影院设备，科普场馆在采购 4D 电影设备时一般要求供应商赠送一些电影。由于国外 4D 电影价格昂贵，国内又没有 4D 电影创作，这些设备供应商只能自己开发 4D 电影。深圳华强集团有限公司、上海恒润数字科技股份有限公司、宁波三维技术有限公司等行业知名的设备供应商都开发了一些电影，不过，这些电影主要是 4D 影院设备的附赠品。供应商为节约成本，对电影质量并没有高要求。尽管如此，还是有些质量不错、有一定影响力的电影，如《煤的形成》《四季》《疯狂囧鱼》等。2010 年前后，一些 4D 设备供应商之外的企事业单位开始创作科普特种电影，如上海科学技术馆、中国科学技术馆、北京天文馆、北京摩天视界数字科技有限公司、上海睿宏文化传播有限公司等。这些单位开发的电影是为了发行而非电影设备的附赠品，对电影内容、情节、质量的要求明显高于设备供应商，其产量、质量相对较好，如《鱼龙勇士》《蛟龙入海》《熊猫与巨猿》《变

① 杨波. 科普特种电影的特点及教育实践.//中国科普研究所. 中国科普理论与实践探索——第二十二届全国科普理论研讨会暨面向 2020 的科学传播国际论坛论文集. 北京: 科学普及出版社, 2016.

形记——动物的伪装》等。总体来看，我国科普特种电影的创作正在步入一个新阶段。

二、国内科普特种电影创作与发展现状

放眼全球，以加拿大 IMAX 公司、美国国家地理、英国 BBC Earth 等为代表的欧美国家科普电影的创作机构，他们的制作水平长期保持世界领先，占据科普特种电影的主要市场。国外科普特种电影主要以巨幕电影、穹幕电影展现。据国际大银幕影院协会（Giant Screen Cinema Association，GSCA）统计，全球已公开发行的大银幕电影（巨幕、穹幕电影）共计约 600 部[1]，却没有一部国产科普特种电影。国产的科普特种电影去哪儿了？

（一）从公映许可证看国内科普特种电影的创作现状

在国家新闻出版广电总局的电影电子政务平台上，公示了"2017年电影公映许可证发放公示" 国产特种片第一期[2]（表1）和第二期[3]（表2）。

表1　2017年电影公映许可证发放公示（国产特种片第一期）

序号	公映证号	片名	第一出品单位
1	电审特字〔2017〕第 001 号	雉鸡秘境	上海文化广播影视集团有限公司
2	电审特字〔2017〕第 002 号	侏罗纪大冒险	上海睿宏文化传播有限公司
3	电审特字〔2017〕第 003 号	黑羽精灵小盗龙	上海睿宏文化传播有限公司
4	电审特字〔2017〕第 004 号	大关中奇幻之旅	陕西旅游集团影视文化有限公司
5	电审特字〔2017〕第 005 号	蛟龙入海	北京高岸视野文化传媒有限公司
6	电审特字〔2017〕第 007 号	少年英雄岳飞	宁波新文三维股份有限公司
7	电审特字〔2017〕第 008 号	矿山历险记	宁波新文三维股份有限公司
8	电审特字〔2017〕第 009 号	中国兵马俑	宁波新文三维股份有限公司
9	电审特字〔2017〕第 010 号	梦幻河姆渡	宁波新文三维股份有限公司

---

① 国际大银幕影院协会. http://www.giantscreencinema.com/.

② 国家新闻出版广电总局. 2017 年电影公映许可证发放公示（国产特种片第一期）[EB/OL][2017-10-20]. http://dy.chinasarft.gov.cn/html/www/article/2017/015f37caf069233a402881a65b8b3489.html.

③ 国家新闻出版广电总局. 2017、2018 年电影公映许可证发放公示（国产特种片第二期）[EB/OL][2018-03-12]. http://dy.chinasarft.gov.cn/html/www/article/2018/0162190f074912a2402881a6604a2c45.html.

序号	公映证号	片名	第一出品单位
10	电审特字〔2017〕第 011 号	4D 海洋传奇	上海河马动画设计股份有限公司
11	电审特字〔2017〕第 012 号	史前大冒险	北京科影音像出版社
12	电审特字〔2017〕第 013 号	雪乡历险	万达影视传媒有限公司
13	电审特字〔2017〕第 014 号	龙江传奇	万达影视传媒有限公司
14	电审特字〔2017〕第 015 号	飞越黑龙江	万达影视传媒有限公司
15	电审特字〔2017〕第 016 号	梦回皋亭	浙江道远文化发展公司
16	电审特字〔2017〕第 017 号	巨龙王国	上海睿宏文化传播有限公司
17	电审特字〔2017〕第 018 号	百鸟衣传说	万达影视传媒有限公司
18	电审特字〔2017〕第 021 号	元素大冒险——雌兔王国奇遇记	宁波胜利映画文化传媒股份有限公司
19	电审特字〔2017〕第 022 号	熊猫滚滚——寻找新家园	上海河马文化科技股份有限公司

表 2　2017、2018 年电影公映许可证发放公示（国产特种片第二期）

序号	公映证书	片名	第一出品单位
1	电审特字〔2017〕第 026 号	灵剑封神	万达影视传媒有限公司
2	电审特字〔2017〕第 027 号	龙宫夺宝	万达影视传媒有限公司
3	电审特字〔2017〕第 028 号	熊猫传奇 3 秦岭熊峰	中国科学技术馆

表 1、表 2 涵盖了 2017 年公映的全部国产特种电影，从中可以看出以下几点。

1. 国产特种电影创作种类单一

经核查，《飞越黑龙江》是万达影视传媒有限公司为其乐园定制的穿幕电影，并未对外发行。除此外，其余都是 4D 电影。可以认为，国内目前特种电影创作的方向主要是 4D 电影，巨幕电影、穿幕电影的创作难觅踪迹。

从科普角度看，由于 4D 电影过于强调人体感官刺激，一般片长较短，在 15 分钟以内，并非最适合科普的特种电影。事实上，起源于北美的巨幕电影、球幕电影在欧美才是担当科普主力的特种电影，片长一般在 40 分钟左右，与中学生一节课时基本相同。

2. 真"科普"太少

22 部特种电影中，大多是借助一些科学概念编排的儿童故事、科幻、旅游宣传片，其中蕴含的科学知识、科学思想、科学精神并不多。

这样的电影符合 4D 电影强调娱乐性的特征,但科普电影所必备的教育性、艺术性就很薄弱了,科普效果难如人意。科普场馆中放映"非科普"电影并非个别现象,在 4D 影院、动感影院中尤其多。有些电影打着"科普"的旗号,内容却与科学完全无关,甚至粗制滥造、趣味低级,让观众感受不到科普特种电影的魅力。"假李逵"已经严重干扰了科普特种电影的发展。市场呼唤更多真正优质"科普"特种影片的创作以正视听。

3. 专业创作单位数量少

以上电影共有 9 家单位出品,其中只有上海睿宏文化传播有限公司是以科普影视开发为主业。事实上,《雉鸡秘境》《蛟龙入海》《海洋传奇》《熊猫滚滚——寻找新家园》是上海科技馆承担的项目,只是其事业单位法人的身份不能进行摄制电影许可证的申报,在出品单位中才屈居第二,没能出现在上表中。同样的问题也存在于中国科学技术馆、北京天文馆等科普单位。专门从事科普特种电影开发的企业凤毛麟角,科普事业单位又受机制限制,这对繁荣创作十分不利。欧美国家科普特种电影事业引领全球,与长期致力于该项创作的企业数量息息相关。仅国际大银幕影院协会公布的会员名单中,欧美从事科普大银幕电影创作的企业就达近百家。没有百家争鸣,就不会有百花齐放。

(二)国产科普特种电影创作方式

国内企事业单位以何种方式开发科普电影?上海科技馆在科普行业中较早涉足电影创作,已经开发 4D 电影 10 多部,发行到全国 60 多个场馆、主题乐园。目前正在努力通过"一带一路"倡议将电影发行到国外。以下以上海科技馆开发科普电影创作为例进行说明。

1. 筹措创作经费

作为排名第七的全球最受欢迎的 20 家博物馆(国际主题景点业内权威组织——主题娱乐协会统计公布)之一,上海科技馆本身就是一个知名品牌。该馆充分利用所具备的各种科普资源,努力通过馆内外的项目申报获得科普特种电影创作的经费，同时积极争取基金会、社团、企业、其他事业单位共同投资合作。多年来的运作已经使该馆形成一套行之有效的筹措经费的办法，每年的科普电影创作经费还是有保障的。

2. 组建创作团队

通过项目申请获得创作经费后，上海科技馆可以组建创作团队。一般来说，由于该馆具有雄厚的科普资源，剧本、专家团队、资源协调是由该馆负责，而导演、动画制作团队、摄制团队则是通过招投标方式落实。整个创作过程采用项目制管理。

虽然项目制管理符合国家相关法规，但也有不利之处。例如，每次以招投标方式中标的企业可能不同，创作团队不稳定，需要重新磨合等。在欧美国家，科普电影创作团队的骨干技术人员一般是长期稳定的，经过长期磨合，团队才能默契、高效，激发创新思维，才能培养出精益求精的"工匠"，进而创作精品佳作。

3. 提高作品质量

由中国科教电影电视协会、国家新闻出版广电总局电影局主办、两年一届的"科蕾杯"（原"科蕾奖"）是国内科教影视类作品中最具权威性的奖项。2017届"科蕾杯"收到来自65家单位的347部作品。在86个获奖名单中，科普特种电影仅有两部。值得关注的是已经空缺一届的"特别奖"由上海科技馆的四维电影《羽龙传奇》获得。[①]

国内创作的优秀4D电影与国际同类电影相比怎样呢？美国SimEx-Iwerks公司是国际知名的4D影院设备供应商和电影发行商。该公司根据电影制作成本和受欢迎程度将发行的4D电影分成A、B、C三档。A档价格最高，基本是好莱坞大片的4D版及顶级4D影片，如《地心历险记》《极地快车》等；B档是精品，故事完整，可看性较高，如《灯塔魅影》等；C档是仅强调于展示特效的电影，对剧情、角色、画面

---

① 中国科教电影电视协会. 2017 年"科蕾杯"获奖名单[EB/OL] [2017-10-19]. http://www.csfva.org.cn/n12666586/ n12666650/n12666800/17932845.html.

等不会有高要求，如《3D冒险王》《深海》等。按照这个标准，目前国内创作的大多数4D电影属于C档，少数能够进入B档。

欧美同行特别强调4D电影的娱乐性和艺术性，科普电影一般不采用4D方式。上海科技馆的4D电影融入了更多科学内容和科学精神，每部影片都有科学顾问把关。国内观众更喜欢哪种4D电影呢？表3是上海科技馆创作的两部4D电影与引进自SimEx-Iwerks公司的两部4D电影在上海科技馆4D影院放映的票房对比情况（表3）。

表3　4部4D电影相关情况对比

序号	片名	时间	场次	人次	票房	上座率/%
1	灯塔魅影	2011年5月	174	7 303	195 876	74.9
2	狂野非洲	2012年5月	70	2 554	72 261	65.2
3	重返二叠纪	2012年5月	165	6 570	180 981	71.1
4	剑齿王朝	2013年5月	64	2 689	72 372	75.0

注：《灯塔魅影》《狂野非洲》是进口影片（SimEx-Iwerks公司发行的B档电影），《重返二叠纪》《剑齿王朝》是上海科技馆创作电影。

《重返二叠纪》《剑齿王朝》是上海科技馆最早开发的两部电影，之前该馆内4D影院一直放映进口电影。从上座率看，以上电影并没有明显差距，甚至《重返二叠纪》的上座率还高于同期上映的《狂野非洲》。可以说，国产优秀4D电影的可看性已经达到了国外B档电影的水平，完全能被国内观众接受，相信走出国门只是时间问题。

4. 开启巨幕电影、穹幕电影的创作之路

上海科技馆影视开发已近10年，在4D电影创作上已经取得了长足的进步，但科普特种电影创作仍然有很长的路要走。因为创作优秀的巨幕电影、穹幕电影才是这个行业王冠上的"明珠"。与10多分钟的4D电影、动感电影相比较，片长40分钟左右的巨幕、穹幕电影对故事情节、教育内容、艺术表现等要求更高，在科普特种电影行业影响更大。虽然国内已经具备了制作巨幕、穹幕电影的技术，但在内容创作方面还非常欠缺经验。上海科技馆目前已经开始积极筹备巨幕电影、穹幕电影的创作。只有通过一次次磨炼，国产科普特种电影的创作水平才会不断提高。

　　总体来看，我国科普特种电影创作已经从无到有，但数量、种类、质量及市场占有率远不能满足国内公众的需求，与快速增长的特效影院数量不匹配，科普特种电影的创作之路还很长。

三、国内科普特种电影的市场发展影响着创作发展

　　我国的科普特效影院发展迅速，目前已经是除美国以外全球数量最多的国家。然而，国内科普特种电影的创作却显得滞后。除了起步晚之外，是否还有其他原因？在全球背景下科教影视的创作与市场——2012 中国国际科教影视展评暨制片人年会会议中，国家广播电影电视总局原局长刘建中在发言中指出，"没有繁荣的市场，就没有繁荣的创作"[①]。科教影视的繁荣要依托科教影视市场的建立。

　　科普特种电影的市场发展状况如何呢？全国科普场馆特效影院专业委员会对全国 75 家科普场馆的 112 座特效影院在 2016 年的运行情况进行了调查（表 4）[②]。该调查数据基本涵盖国内主要大中型科普场馆，具有实际参考价值。

表 4　全国 75 家科普场馆的 112 座特效影院 2016 年的运行情况

特种电影	银幕/块	放映场次/场	观众人次/万人	票房/万元	影片更新数量/部	租片费用/万元
巨幕电影	8	4 324	45	830	18	690
球幕电影	32	20 002	122	1 891	61	1 240
4D 电影	39	29 995	93	879	79	546
动感电影	11	13 260	23	189	16	197
其他	15	4 017	28	38	213	25
合计	105	71 598	311	3 827	387	2 698

　　巨幕电影、球幕电影的银幕数量占总量的 38%，但年采购费用占比达 72%，年观众量占比达 54%。遗憾的是，我国由于几乎没有巨幕、

---

　　① 程素琴. 全球背景下科教影视的创作与市场——2012 中国国际科教影视展评暨制片人年会会议综述[J]. 现代传播（中国传媒大学学报），2013，35（1）：144-145.
　　② 中国自然科学博物馆协会. 中国科普场馆年鉴 2017 卷[M]. 北京：中国科学技术出版社，2018.

球幕电影的创作，这部分市场完全被国外发行商占据，全国巨幕、穹幕影院只能放映进口电影。虽然是科普电影，但其中渗透的西方文化理念、价值观等也会随着影片传播。

国内创作的 4D 电影、动感电影能够与国外同行进行一定程度的竞争。国内的 4D 电影、动感电影以动画片为主，实拍很罕见。这与国内动画电影创作水平相对较高而成本相对较低有关。可以说，在不能保证回收成本的情况下，开发低成本动画电影比较高成本的实拍电影更安全。巨幕、穹幕电影的年采购费用约 1930 万元。这些费用虽然足够创作几部低成本的巨幕、穹幕电影，但对实拍的精品科普大片来说还是捉襟见肘。就算创作出来，与经验老到的国外同行的作品同台竞争，能否被影院接受，还未可知。

另外，从市场规模看，调查场馆的观众总人次仅仅 311 万人次。其中，中国科学技术馆和上海科技馆的观众人次合计约 102.5 万人次，占比约 33%。在全国科普场馆特效影院专业委员会 2016 年、2017 年的全国科普特效影院调查中发现，很多对观众免费开放的影院观众人次依然不高。同期全国商业电影的观影人次超过 13.7 亿人次，差距非常大。没有观众，就谈不上科普效果，也就失去了创作最主要的源泉和动力。观众量是制约这个行业发展的最大短板。

我国公民对科普特种电影有没有兴趣？表 5 是上海科技馆 2017 年度影院的上座率情况，该馆各影院的上座率十分惊人，太空影院的上座率甚至达到 77%。可见，科普特种电影不仅能被国人接受，甚至大受欢迎。为什么不同场馆间的上座率差距这么大呢？《现代电影技术》2017 年 12 月刊登的《科普特种电影传播效果的调查研究》一文指出，我国约 50% 的科普特效影院年观众人次小于 1 万，甚至部分影院每位观众的科普成本近 550 元，浪费十分惊人。多数场馆只重视硬件建设而忽视电影的传播推广，无效、低效传播是导致这种结果的主要因素。没有公众对科普电影的需求，就不会有创作的发展。不但场馆忽视电影传播，而且创作方没有给予充分重视。在国际大银幕影院协会网站上，几乎每部大银幕电影都有配套的教育资料包，而国产科普电影却几乎没有这样的资料包。

表 5　上海科技馆 2017 年度影院放映科普特种电影情况

影院类型	巨幕影院	球幕影院	4D 影院	太空影院
观众增长率/%	17	14	0	9.9
票房增长率/%	27	15	2.2	11
上座率/%	36	44	74	77

四、对科普特种电影创作的建议

（一）企业与科普场馆合作开发是可行之路

由于科普场馆最了解观众的需求，而且拥有较多的科普资源，因此，具有先进制作技术的企业与之合作是强强联合的双赢之举。上海科技馆的创作方式十分值得推广。欧美国家的特种电影制作商与科普场馆及教育界人士保持着长期合作，可以让他们参与到创作过程中。

（二）大力培育创作人才

我国有大量非常优秀的商业片创作人才，这也是国产商业片市场繁荣的重要原因。而科普特种电影的创作人才十分稀缺，优秀人才更是凤毛麟角，没有优秀的创作人才，就不会诞生优秀作品。如何吸引优秀人才，留住优秀人才，让人才健康成长，是行业亟待解决的事情。

（三）努力提高创作水平和质量，开发种类丰富的科普电影

一部优秀作品可能改变一个行业的发展。《阿凡达》使得数字巨幕电影成为商业影院的标配，《潜伏》使得谍战片大量出现……类似的事情一再发生。优秀作品对于提升行业的整体发展水平和影响力十分有效。如果是巨幕大作，完全可以进入商业影院，就像中外合作电影《我们诞生在中国》。

（四）配合影院开展教育

观众往往关注科普电影中见所未见、闻所未闻的自然之美、科学之美是如何通过电影展现的，在观影欣赏中认识、了解身外的世界，进而树立科学的世界观和科学思维。因此，欣赏科普电影需要相关的背景知识，缺乏背景知识会对欣赏电影形成知识障碍，观众会因为看不懂电影而感觉"没意思"。创作方和科普场馆一定要给观众准备一些观影前的"开胃小菜"，当然，"餐后甜点"也是必不可少的。另外，与商业电影不同，科普特种电影内容是科学技术，形式是特效，这是科普特种电影的最大特点。尤其是特效，实质就是科学技术的产物，对公众吸引力很强，在对外宣传中一定要突出这一点。

（五）开发科普电影衍生品

电影衍生品应该成为电影创作的一部分。创作电影时应该增加电影产业下游产值的产品，包括各类玩具、音像制品、图书、电子游戏、纪念品、邮票、服饰、海报甚至主题公园等。[①]在美国，来自电影衍生品的收入一般可以达到票房收入的 3 倍以上。而在我国，电影衍生品销售成功的案例几乎都来自进口大片。衍生品应该挖掘影片内在的东西，与影片内在精神相扣，开发影片相应年龄层次观众喜欢的东西。而国内电影衍生品往往是一些批发市场上有的小商品，打上电影的标志、片名就算电影衍生品了，这对于已经见多识广、追求更高文化享受的国内大众而言，很难被接受。目前，政府正在加大推进电影衍生品开发及授权业务的力度，实现电影版权的价值最大化，未来银幕背后衍生品这一隐形的钻石矿将被有效开发。

---

① 窦新颖. 打造产业链条　延伸版权价值[EB/OL] [2014-04-25]. http://ip.people.com.cn/n/2014/0425/c13665524941755.html.

2016～2017 年的中国科普创作研究

鞠思婷

科普创作与科普创作的研究总是同步进行的。创作者、作品本身，创作的规律和技巧、创作的趋势和思潮，以及影响科普创作发展的外部因素，如政策环境、激励措施、人才队伍等，都是研究者关注的问题。科普创作研究是促进科普创作繁荣发展的必要手段和途径。

本文主要对 2016～2017 年我国科普创作研究文献中的关键词等信息进行词频统计和分析，以此揭示科普创作的研究热点和研究现状，厘清目前科普创作研究的优势和劣势，探寻科普创作研究未来的发展趋势和合理的研究规划。

一、2016～2017 年科普创作研究文献数据分析

本文以中国知网（CNKI）作为文献数据来源，以中国学术期刊网络出版总库、中国博士学位论文全文数据库、中国优秀硕士学位论文全文数据库为数据源，以"科普创作"或"科普作品"为检索词，用主题方式进行精确检索，去除相关性较低的文章、报纸、通知、纪要、

作者简介：鞠思婷，中国科普研究所博士后，中国科普作家协会会员，主要研究方向为科普创作、公民科学素质等。合著有《中国科学院科学传播系列丛书·新材料》《中国科学院科学传播系列丛书·纳米》。

广告等内容，得到 123 篇相关性较高的研究论文（检索时间为 2018 年 3 月 6 日，检索文献时间跨度为 2016 年 1 月 1 日至 2017 年 12 月 31 日）。

（一）科普创作研究文献数量持续走高

图 1 是我国科普创作年文献量变化图。2000～2017 年科普创作研究总体呈增长趋势，自 2007 年开始，科普创作研究文献的数量明显增长，这可能是由于 2006 年国务院颁布《全民科学素质行动计划纲要（2006—2010—2020 年）》（以下简称《科学素质纲要》）的促进作用。2009 年和 2014 年文献量各有一个峰值，此时正值"十一五"和"十二五"末期，因此这个峰值可能也与相关政策有关。可见，我国的科普创作研究受相关政策的影响非常明显。2012 年之后，科普创作研究文献数量持续走高，这与党的十八大以来的科技创新政策与"一体两翼"的定位相关，尤其是 2016 年习近平在全国科技创新大会、中国科学院第十八次院士大会和中国工程院第十三次院士大会、中国科学技术协会第九次全国代表大会的讲话中强调"科技创新、科学普及是实现创新发展的两翼，要把科学普及放在与科技创新同等重要的位置。"科普创作作为科普的重要方面，其研究工作也开始受到重视。

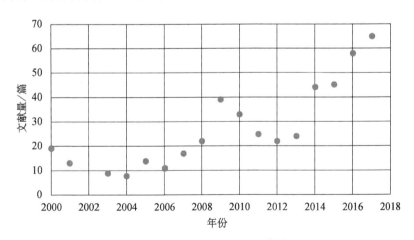

图 1　我国科普创作年文献量变化图

资料来源：鞠思婷，高宏斌，颜实，等. 我国科普创作研究的现状与建议——基于 CNKI 学术文献的共词可视化分析[J]. 科普研究，2016（06）：62-68+102.
注：2015 年数据在原有文献上有更新。

（二）关键词分析

关键词是一篇文献的精髓，是研究内容、研究方法的凝练和概括，可以确定一个研究领域的热点问题，可以将关键词作为文献计量分析的一个重要指标。某个关键词出现得越频繁，表明该学科对其关注度越高，高频关键词常被用来确定某一研究领域的热点问题。通过对检索得到的 123 篇有效文献进行关键词统计，得到关键词 543 个，分布较为广泛，平均每篇文章含 4～5 个关键词，少数文章甚至含 8 个关键词。主要原因是：一方面，此领域的研究热点不集中，研究工作较分散；另一方面，关键词不规范、不统一也是导致关键词统计量大的原因，如公民科学素质，就有"公民科学素质""公民科学素养""科学素养""科学素质"四种说法。

本文合并同义词（如上文所述关于公民科学素质的四种说法），删除含义过于宽泛（如"日常教学""理论界""工作"等），或明显与主题无关（如"下笔如有神""作者—叙事者人格合一""文采飞扬"等）的关键词，进行规范处理之后，得到 273 个关键词。表 1 按频次进行降序排列，列出了排在前 17 位的有效高频关键词。通过表 1 可见，这 17 个高频关键词的累计百分比达到 27%以上，基本能代表近年来我国科普创作研究的主要热点。通过关键词分析可知，近两年的科普创作研究热点主要集中于 5 个方面：①对科普作品本身的研究，主要是科普图书；②将科普创作置于公民科学素质工作的语境中进行阐述；③少儿科普图书异军突起；④学科科普中地震科普和气象科普在科普创作研究中是主力；⑤随着新媒体的迅速发展，新的科普作品形式（如微视频、科普剧等）被普遍关注，作品的文化性和艺术性也受到突出关注。

表 1　科普创作研究高频关键词

序号	关键词	频次	百分比/%	累积百分比/%
1	科普创作	22	4.5738	4.5738
2	科普作品	16	3.3264	7.9002
3	科普图书	11	2.2869	10.1871
4	新媒体	9	1.8711	12.0582
5	公民科学素质	8	1.6632	13.7214

序号	关键词	频次	百分比/%	累积百分比/%
6	科学传播	7	1.4553	15.1767
7	少儿科普图书	7	1.4553	16.6320
8	科普资源	7	1.4553	18.0873
9	防震减灾	7	1.4553	19.5426
10	科普	6	1.2474	20.7900
11	创新	6	1.2474	22.0374
12	原创	5	1.0395	23.0769
13	气象科普	5	1.0395	24.1164
14	图书	4	0.8316	24.9480
15	微视频	4	0.8316	25.7796
16	艺术	4	0.8316	26.6112
17	科普剧	4	0.8316	27.4428

（三）研究单位分析

本文按发表文章数量以降序的方式，列出了排在前 9 位的研究单位，由于研究单位数据庞大，非常分散，因此本文根据机构特性对研究单位进行了分类（表2）。这9个研究单位（及系统）发表的文章超过 80%，基本可代表科普创作研究领域的全部主力。排在首位的研究单位是各大高校（含职校），其发表的 37 篇文章中包含 14 篇研究生毕业论文（含 2 篇博士论文），毕业论文通常具有系统性，对科普创作的研究工作具有较高价值；排在第二位的各出版社以科普图书为基础，对科普创作进行了较多有价值的研究；排在第三位的地方科协基于科普工作对科普创作进行了较多思考；排在第四位的中国科普研究所作为科普研究的"国家队"，近两年也笔耕不辍地发表了 12 篇相关研究文章，其中 5 篇为核心期刊文章；排在第五位的中国科学院及科研院所近年来在科学传播方面做了不少工作，尤其是中国科学院计算机网络信息中心在科普融合创作方面有较多有意义的思考。此外，各地科技馆和气象、地震、医学相关的单位也对科普创作进行了相对较多的关注和研究。总的来说，中国科学技术协会、高校、出版社和中国科学院是科普创作研究的关键主力军。

表2　科普创作研究代表研究单位

序号	研究单位	频次	百分比/%	累积百分比/%
1	高校（含职校）	37	25.6944	25.6944
2	出版社	16	11.1111	36.8056
3	地方科协	13	9.0278	45.8333
4	中国科普研究所	12	8.3333	54.1667
5	中国科学院及科研院所	10	6.9444	61.1111
6	气象相关单位	9	6.2500	67.3611
7	医院	7	4.8611	72.2222
8	科技馆（含科技类博物馆）	6	4.1667	76.3889
9	地震相关单位	6	4.1667	80.5556

二、研究热点演化分析

笔者曾在 2016 年使用 CiteSpace Ⅲ对科普创作研究的文献进行了研究，研究结果较好地展示了该领域的研究热点与前沿的演化过程。近两年来，科普创作研究工作又出现了一些新的内容和形势。

（一）2016 年之前的研究热点演化①

本段分析基于 CiteSpace Ⅲ生成热点与前沿词汇的 "Time Zone"时区视图（图 2）。其中，节点及其大小表示热点术语及其出现次数。分析可大致得出国内科普创作研究热点与前沿的演进过程及发展趋势：科普创作的成果是科普作品、科普图书等，这些都是科普事业和科普工作不可或缺的部分，中国科学院作为国家直属的科学研究基地，是我国科技知识生产的重要源头，拥有丰富的科普资源；中国科学技术协会是中国科学技术工作者的群众组织，是科普工作的主力。因此自 2000 年开始，以上科普创作、科普作品、科普图书、科普事业、科普工作、中国科学院、中国科学技术协会等成为科普创作研究的核心，始终受到充分关注；2005 年正值我国公民科学素质第七次测评，之后

① 本部分节选自：鞠思婷，高宏斌，颜实，等. 我国科普创作研究的现状与建议——基于 CNKI 学术文献的共词可视化分析[J]. 科普研究，2016（06）：62-68+102.

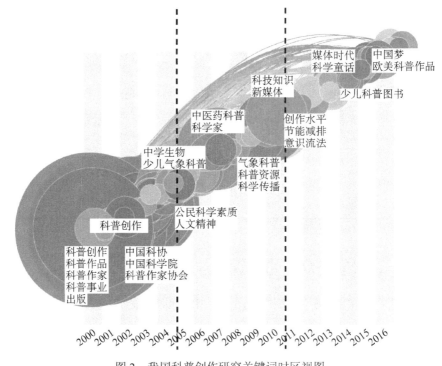

图 2　我国科普创作研究关键词时区视图

将科普创作置于提高公民科学素质语境下的研究增多，同时对人文精神更加重视；2004～2010 年，针对特殊人群的少儿科普和中学生物科普，以及中医药科普、气象科普等学科科普明显增多，这一方面与《科学素质纲要》所提出的针对重点人群进行科普的措施有关，另一方面也与基本国情有关，2010 年至今，有 3 个很明显的研究热点转变：①少儿科普图书事业发展壮大，针对少儿科普的科普创作研究相继发展，科学童话进一步受到关注；②将科普创作与新媒体和信息技术的发展联系起来，主要研究新的载体下科普创作应该如何发展；③开始对科普创作本身进行研究，如科普创作方法、科普创作规律、科普创作人才等，相较之前更多地集中在对著名科普作品和科普作家的研究，这可以说是科普创作研究的一个重要转折点。

　　上文已通过我国科普创作研究关键词时区视图，分析得出了我国科普创作研究热点的三个阶段的特点。图 2 中所展示的关键词及其位置均为高频关键词第一次出现的位置，如"科普创作""科普作品"等高频关键词在 2000 年首次大量出现之后，2001 年之后便不在图中反映，因此这些关键词在一定程度上仅能提示一个新的研究热点的出现，并不能非常充分地显示出每一个时间段的主要研究内容。图 3 列出了年度高频关键词的时区视图，这个视图是根据每年的高频关键词统计数据进行人工绘制的。①

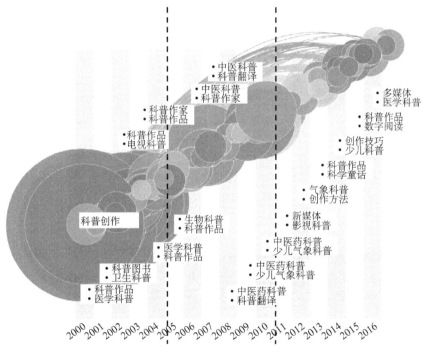

图 3　我国科普创作研究年度关键词时区视图

结合图 2 和图 3 分析，得出以下三点补充结果。

第一，对科普作品和医学科普的研究是贯穿始终的，其中，中医药科普在 2006～2010 年是重要关注点，之后逐渐削弱。中医科普研究较多是我国科普创作研究的一大特点，这可能与近年来我国舆论界的"中西医之争"有关，某些人给中医贴上"不是科学"的标签，为了维

---

① 本文认为关键词"科普创作"在文献中过于普遍，并无时区分析价值，为求简洁将其省略。

护自身的利益，中医科普创作被委以重任来试图消除这些不利言论。

第二，2007～2008 年，科普作品的翻译研究受到关注，经过精读文献，发现此处的科普翻译主要是引进国外优秀的科普资源，而在 2010 年也有科普翻译的研究小热点出现（在图 2 和图 3 中未显示），但此时是在繁荣少数民族科普创作语境中的研究。

第三，2014 年，关于科普创作方法、技巧与问题的研究论文较多，根据对文献进一步分析，发现这些研究文献多来自于 2014 年第二十一届全国科普理论研讨会的会议文章，可见，研究人员之间有主题、有目的的交流将促进研究的进展。

（二）近两年的研究新趋势

对比前面 15 年的情况，这两年科普创作研究中的一些热点研究仍然延续，一些主题研究的论文数量明显减少甚至没有了，也有一些新的研究热点涌现。总体来说，有以下特点。

第一，学科科普研究领域中的气象科普、地震科普和医学科普一直是研究热点，在近两年也持续受到研究和关注。一些地方政府响应国家号召，将应急科普作为科普工作的第一抓手，进行气象科普和地震科普的传统得到很好的延续，而医学科普与健康息息相关，是公民非常希望了解的，因此也得到延续，但中医科普明显减少。

第二，对科普作品的出版与传播研究仍然继续，但与之前不同的是，传统图书行业面临新媒体的巨大冲击，因此近两年关于思考新形势下传统图书出版的困境、出路和转型，以及创新出版、融合出版的研究文章较多。

第三，代表性科普图书和作品研究、著名科普作家研究仍然持续，但相对有所减少，一个突出的变化是对原创科普图书和作品的呼吁明显增多，语气明显增强。目前我国科普工作开展得如火如荼，对科普图书的需求量很大，但国内鲜有为人称道的原创科普图书，这是科普图书出版业面临的困境之一。

第四，对少数民族科普图书翻译的研究有所减少，同时对引进优秀科普图书翻译的研究增多。这表明随着人们生活水平的提高，精神层面的追求也越来越高，对科普图书质量的要求也大大提升。在我国优秀原创图书缺失的情况下，大量引进国外作品是满足国内需求的一条捷径。十九大以来，国家提出发展均衡的问题，因此相信少数民族科普图书翻译的研究在之后的两年会再度成为研究热点。

第五，对少儿科普图书的研究（包括引进图书）继续大增，这可以从科普需求端来分析，对于处于义务教育端的青少年，科普基本上通过校内科学教育的形式来解决，他们并没有太多的课余时间专门阅读科普图书；对于高中毕业及之后的成年人，可以通过上网阅读到很多科普资源，对科普图书的需求也不大。因此，少儿科普图书可以说是一个较大的刚需市场，用科学童话和科学绘本来进行科学教育启蒙也是被国际普遍认可的。

第六，科普创作方法与规律研究一直持续。但研究主题从科普图书作品转向为新媒体背景下各种形式科普作品的创作方法与规律，如微视频、科普剧、科普节目等。但这方面的研究才刚刚起步，研究数量和研究深度有待提高。

第七，面向青少年科普教育产品的创作研究涌现。科普教育是近两年才提得比较多的一个概念，之前延续国外的说法通常翻译为非正规科学教育或非正式科学教育，近两年国内统一称为校外科学教育或科普教育。随着国家教育改革的进行，校外科学教育已经成为素质教育背景下提高青少年科学兴趣和创新能力的一种必要选择。如何创作出更符合青少年需求和市场规律的科普教育产品成为研究热点。

第八，随着科普信息化的开展，科普融合创作成为研究热点。过去很多年，传统的科普产品和科学传播渠道是主力，且还将在未来继续发挥作用。如何将传统科普与新媒体科普的内容与表现方式有机结合，创新创造出更优秀的科普作品或产品，成为科普工作者研究思考的重点。

第九，近两年对科普创作人才的研究相对有所减少，但出现两个明显的新特点。一是科普工作者呼吁科学家进行科普创作的研究减少，而科学家群体中开始有优秀科普工作者，主动发声向同行呼吁科普是科学家的社会责任，表明越来越多的科学家开始理解并支持和参与科普了；二是对青少年参与科普创作的研究开始出现。

三、推动科普创作研究深入发展的几点建议

以上分析总结了 21 世纪以来我国科普创作的研究现状，在进一步精读相关重点文献的基础上，笔者对科普创作研究提出以下六点发展建议。

（一）加强科普创作方法和规律的研究

尽管对于科普作品和科普图书的研究在数量上占绝对优势，但通常仅限于著名科普作品和著名科普作家的研究，对于科普创作方法与规律的研究目前并不深入和全面，未来至少可以在以下两个方面进行更深入的研究：第一，在新媒体形势下，科普作品不仅限于图书，还包括视频、动漫、多媒体交互、游戏等更多形式的科普资源呈现方式，对于图书和新媒体科普作品的创作方法研究应加强，以便指导科普创作人员创作出优秀的科普作品；第二，随着科普平台的变化与发展，科普创作的人才、内容、受众、目标等均发生变化，这其中必定存在一些规律性，对于新媒体形式科普创作所呈现的发展与规律研究应作为重点研究方向，以引导整个科普创作领域的良性发展。

（二）加强科普创作人才培养模式与方法的研究

科普创作人才的数量和水平直接关系到科普作品的数量与质量。结合关键词时区视图分析，发现我国科普创作人才研究主要集中于对科学家群体的呼吁，以及对科普人才的培训研究，存在一些盲区和不足。①除科学技术部的《中国科普统计》的少量数据以外，对于当前

我国科普创作人才的结构分析研究缺乏。分析我国科普创作人才的结构与结构发展演变，有利于全面把握科普创作人才的发展与流动情况，可找出重点人群进行培养，并根据结构演变趋势的预测结果引导科普创作人才的发展。②对优秀科普创作人才的履历与科普创作历程研究，尤其是对青年科普创作人才和科学家参与科普创作的个人创作生涯的研究缺乏。分析科普创作人才的创作生涯有助于找到促使他们从事科普创作的主要原因，以便于更好地发展和培养优秀的科普人才。③文献和数据研究建议较多，案例类的实证研究缺乏。例如，以近几年飞速发展的信息技术催生的微博和微信自媒体平台为依托，已有形式多样的科普创作人才培养模式非常值得深入研究和借鉴。④ 2017 年年末，中国科学院拟推行科普创作学分制，鼓励研究生积极参与科普创作，这项规定对培养和发掘优秀青年科普人才起到了积极的作用，应同时配套对青年科普人才的培养和成长的研究工作，以总结和巩固青年科普人才培养的有效范式，在全国推广。

（三）科普创作研究需注意学科均衡发展和多种人群兼顾

目前，学科科普创作集中在气象、地震、医学等领域，这些领域均与日常生活息息相关，但仅仅是从以上几个领域对科普创作进行研究，显然意义太过狭窄。我国的科普工作已经从生活常识普及转向基础性和前沿性科学知识、科学方法和科学精神的普及。从公民科学素质的角度来讲，提高公民的综合素质，不是培养科学特长，还需要特别考虑学科均衡特点。同时，随着基础科学的飞速发展，学科之间的界限也越来越不明显，各学科相互融合的大科学理念已越来越被推崇，因此科普创作也应该保持学科均衡与学科融合。

《科学素质纲要》依据人群性质，将其划分为未成年人、农民、城镇劳动人口、领导干部和公务员以及社区居民五个重点人群，并分别提出了科学素质行动指导和支持，同时也强调了少数民族公民科学素质建设。与科学素质工作一样，科普创作也应该分析受众的特点，以受众的需求为指导。目前我国公民结构复杂，不同人群的知识水平、关注点和接受能力都不同，对科普作品内容、难易和形式的喜好也不一样。在科普创作研究时要充分分析主要公众群体的特征，以期指导科普作品做到更符合受众的需求。目前，我国针对少儿的科普创作研究较多，以科普教育为背景针对青少年的科普创作研究开始崭露头角，但总体来讲仍然不够，且极度缺乏针对以上其他几个特殊群体的科普创作研究。

（四）需加强科普创作语境下的科幻作品创作研究

2015 年 8 月 23 日，中国作家刘慈欣凭借《三体》获雨果奖，掀起了我国科幻创作的热潮。在此之前，科幻作品通常被称为科幻小说，属于小众文学，在我国并不受特别的关注和重视。近年来，科幻作品的科普功能逐渐被认识到，科幻创作也成为科普创作的重要内容。有关科幻作品的研究主要集中在科幻电影的研究，以及将科幻小说作为一种文学作品进行有关文字、审美、伦理、现代反思和翻译等方面的赏析和研究。亦有少量研究关注科幻作品的科学传播和教育意义，尽管对于科幻作品的研究不少，但少有在科普创作语境下的研究。

2017 年中国科普作家协会举行了首届青年科普科幻作品大赛，评选出一批优秀的科普科幻作品（其中七成以上为科幻作品），也发掘出一批极具潜力的青年作家，促进了我国科幻创作事业的发展。总之，科幻作品是一种具有较高影响力的科学传播和教育功能的文学作品，应该加强科幻科普创作研究，以进一步厘清和分析科幻作品的科普作用，研究科幻科普创作方法和规律，以指导科幻作家创作更多更优秀的科幻作品。

（五）新媒体形势下科普创作多样化的研究

网络等新媒体的发展给信息传播带来了翻天覆地的巨大影响，新媒体传播渠道也给科学普及工作的进展带来了积极作用。数字技术的发展使科普作品不仅限于图文和音像制品，网络视频、多媒体互动、游戏、虚拟现实技术、增强现实技术等都被应用到科普中，大大扩展了科普作品的形式；由于自媒体的发展，发布信息的成本降低，吸引了更多的人来创作科普内容，科普人才队伍扩大化，且呈着年轻化的方向发展；科普作品的形式没有以往规范，但内容却变得更灵活，往往一篇好的科普文除图文外，还包含大量动图、视频、甚至自绘的示意图，大大增加了通俗性和趣味性。除新媒体外，传统媒体和互联网等新媒体的融合发展是媒体发展的重要方向，传统媒体应与网络媒体加强交流与合作，运用网络技术拓展传播范围，增强传播效果。我国正在努力推进科普信息化的工作，科普信息化的内容从哪里来？这就需要更多的科普创作人才创作更多的优秀科普作品。如何让新的科普作品能与新媒体、媒介融合，乃至与科普信息化有机结合，也是亟待研究的内容。

（六）重视对科普创作政策的研究

由关键词共现可视化分析及科普创作文献年数量分析可以发现，科普政策的激励对科普创作研究有明显的正向促进作用。

《科学素质纲要》的重点工程之一为"科普资源开发与共享工程"，其主要任务就是"引导、鼓励和支持科普产品和信息资源的开发，繁荣科普创作。"在这项政策的引导和保障之下，近年来我国科普创作稳步发展，尤其是近年来，原创新媒体科普作品大量涌现，出现了果壳、科普中国等优秀科普品牌。李源潮在 2015 年 9 月与科普科幻创作者代表座谈时发表了"繁荣科普科幻创作为实现中国梦注入科学正能量"的讲话，提出"各级科协组织要大力支持科普科幻创作，宣传表彰先进典型，鼓励发展影视、互联网等科普产业，开创中国科普科幻事业新局面。"[①]可见，我国有意在政策上进一步激励科普创作，只

---

① 新华社. 李源潮在与科普科幻创作者代表座谈时指出繁荣科普科幻创作为实现中国梦注入科学正能量[EB/OL] [2016-03-14] . http://www.gov.cn/xinwen/2015-09/14/content_2931501.htm.

有详细分析国内外科普创作相关政策，才能指导制定新的激励政策。

《全民科学素质行动计划纲要实施方案（2016—2020 年）》将科普创作融入科普信息化工程中，"提升优质科普内容资源供给能力，运用群众喜闻乐见的形式，实现科普与艺术、人文有机结合，推出更多有知有趣有用的科普精品，让科学知识在网上和生活中流行。"①提升优质科普资源的供给即要求大力发展科普创作，中国科学技术协会亦在近年来的科普工作中将科普创作放到了更重要的位置，尤其是中国科普研究所在 2017 年新成立了科普创作研究室，致力于对科普创作研究进行深入的研究，为促进科普创作、科普创作研究、科普创作政策三者良性发展、相互促进做出重要贡献。

① 中华人民共和国中央人民政府. 国务院办公厅关于印发全民科学素质行动计划纲要实施方案（2016—2020 年）的通知[EB/OL] [2016-03-14]. http://www.gov.cn/zhengce/content/2016-03/14/content_ 5053247.htm.

中国科普图书研究报告

马俊锋　高宏斌

一、概述

（一）研究意义

科普图书是科学技术普及的传统形式之一，优秀的科普图书对提高公民的科学素养、推进科技事业发展、建设创新型科技强国等有非常重要的意义。从晚清至当下一百多年的时间里，科普图书作为中国科普工作的重要组成部分，曾与报刊一起支撑着中国科普事业的发展。近些年来，由于计算机、网络及移动通信技术的迅猛发展，科普图书在科普工作中的传统地位受到了很大冲击，其在科普工作中与报刊"二分天下"的局面已不复存在。然而，这并不意味着科普图书将要退出历史舞台，而是在新的历史条件下凭其独特的特点和功能继续发挥着

作者简介：马俊锋，中国科普研究所博士后，主要研究方向为近代中日文化关系、科幻文学、科普创作及科普图书出版。在《中国现代文学研究丛刊》《鲁迅研究月刊》《科技导报》《科普研究》等刊物发表论文多篇。

高宏斌，中国科普研究所科普理论研究室副主任、副研究员，主要研究方向为科普基础理论、公民科学素质、科学教育、基层科普、科普创作、科普人才等。以独立作者或第一作者身份发表研究论文40余篇，多数为中文核心期刊论文、SCI收录论文和EI收录论文；参与出版著作30余部。

重要作用。科普图书的主要形态就是把深奥复杂、枯燥难懂的科技内容转化为浅显简单、通俗趣味的文字作品呈现给读者，这也是许多其他形态科普资源创作开发的重要基础。

近些年来，我国科普图书出版发展迅速，在出版种类、数量、质量、销售等方面都有很大提升，但相应的科普图书统计与研究却没有跟上，虽然科学技术部每年都对科普图书进行统计，但统计方法是自下而上进行审报，没有统一的判定标准，而且也没有详细的图书书目。学界对科普图书具体有哪些、内容分布情况如何、作者有哪些人、市场反应怎么样等问题都不是很清楚，甚至连统一的分类标准都没有。这不利于我们准确把握科普图书的整体出版情况及实际的市场反应。目前关于科普图书的研究成果虽然非常多，但大多集中在创作及出版方面，很少针对科普图书的概念、范畴、分类标准及科普图书统计等展开论述。本文旨在在对科普图书的定义、范畴进行界定和廓清的基础上，尝试制定出一套行之有效的分类方法，并以 2015 年出版的科普图书为例对其进行统计，以便从一个横断面上对我国科普图书的出版现状有一个相对精确的把握，进而对科普图书进行有效的统计、分析、研究，为政府相关部门制定政策提供参考，推动科普工作更快、更好地发展。

（二）研究现状

1. 科普图书的出版情况

科学技术部发布的全国科普统计数据显示，2006～2015 年科普图书出版种类及发行数量均有大幅增加（图 1、图 2）。

从图 1 可以看出，科普图书出版在种类上一直呈上升趋势，其中 2009 年和 2015 年有两次大的跳跃。从图 2 中可以看出，科普图书出版的发行量总体呈上升趋势，但却有较大波动。值得一提的是，科学技术部的统计方法均是报送制，由下至上，层层上报。由于科普图书分类模糊，种类繁杂，各个地方的统计人或报送者对科普的理解不同，报送时的标准存在着很大差异，因此统计结果往往存在诸多问题。再者，科学技术部在公布统计结果时只公开统计数据，不公开具体书目，作品有哪些，不明确；作家有哪些，不清楚；科普图书种类分布情况，不了解，这样的统计结果虽然也能反映出科普图书的大致出版情况，但并不能准确反映出我国科普创作及出版的具体发展面貌。

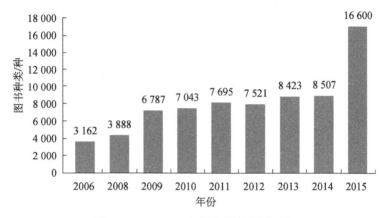

图 1　2006～2015 年科普图书出版种类

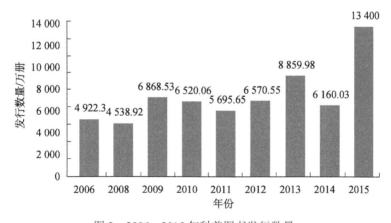

图 2　2006～2015 年科普图书发行数量

2. 科普图书的研究现状

目前关于科普图书的研究成果非常多。以中国知网（CNKI）收录的论文为例，在知网上以"科普图书"为检索词进行关键词检索，可以检索到 1715 篇相关论文，其中硕士学位论文 20 篇、期刊论文 898

篇、会议论文 96 篇、报纸文章 701 篇。①文章发表的时间跨度是 1978～2017 年，长达近 40 年，1981 年以后每年都有相关论文发表，其中 2007 年发表的相关论文高达 124 篇。1978～2016 年历年的相关论文发表情况趋势如图 3 所示。

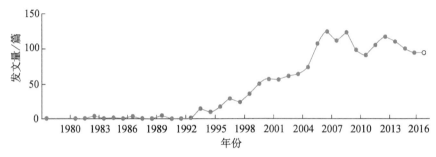

图 3　1978～2016 年历年科普图书研究论文发表情况趋势图

从图 3 中可看出，自 1995 年起，相关研究成果就开始急速增长，至 2007 年达到了顶峰，2007～2009 年是相关研究成果发表最多的三年，之后稍有回落，但也一直维持在每年百篇上下，这与近些年中国对科普的重视、相关法律法规的出台及科普出版数量的快速增加有很大关系。

关于科普图书的硕士学位论文集中在 2005 年后发表，中间无间断，发表最多的一年是 2009 年，共 5 篇。排名前十的关键词出现次数分别是"科普图书"（20 次）、"出版发行"（10 次）、"引进版"（8 次）、"图书品牌"（6 次）、"科普作品"（5 次）、"传播学研究"（3 次）、"少儿图书"（3 次）、"时间简史"（2 次）、"科学传播"（2 次）、"出版研究"（2 次）。学科分布多集中在传播学和新闻学，研究方向多集中于出版、中等教育和新闻与传媒等。

相关的期刊论文自 1978 年后每年均有发表，与整体研究情况相同，均自 1992 年开始大幅增加，发表最多的一年是 2012 年，多达 70 篇。学科分布集中在出版、科学研究管理、图书情报与数字图书馆。

发文最多的作者是湖南大众传媒职业技术学院的陈桃珍，共 5 篇。作者所属机构前十名分别为人民卫生出版社（19 篇）、上海科学普及出版社（11 篇）、北京科学技术出版社（9 篇）、北京大学（8 篇）、上海科学技术出版社（8 篇）、沈阳真空杂志社（8 篇）、人民邮电出版社（7篇）、清华大学（7 篇）、湖南大众传媒职业技术学院（7 篇）、中国农业出版社（6 篇）。在期刊来源方面，发表在核心期刊的文章最多，共 365 篇，占期刊论文的 59.35%，发表在中文社会科学引文索引期刊上的文章有 248 篇，发表在 SCI、EI 上的论文非常少，分别只有 1 篇。排名前十名的关键词出现次数分别为"科普图书"（52 次）、"出版"（16次）、"科普"（10 次）、"少儿科普"（9 次）、"编辑"（8 次）、"创新"（8 次）、"少儿"（8 次）、"图书馆"（8 次）、"图书出版"（7 次）、"科技图书"（6 次）。

与科普图书相关的会议论文自 1997 年后基本每年都有发表，但发文量总体呈波动状态，其中 2004 年、2009 年、2014 年为三个发文高峰期，分别为 11 篇、13 篇、11 篇。会议主办单位主要是中国科学技术协会、中国科普作家协会、中国编辑学会、中国科普研究所等，作者所属单位主要是中国科普作家协会、中国科普研究所、上海市科普作家协会、江苏科学技术出版社、上海科学技术出版社、中国科学技术协会等。排名前十的关键词出现次数分别为"科普图书"（96 次）、"科普作品"（41 次）、"科普创作"（31 次）、"科普作家协会"（28 次）、"科普作家"（18 次）、"科普工作"（15 次）、"中国科协"（8 次）、"科普教育"（8 次）、"科普事业"（7 次）、"出版工作"（6 次）。

发表在报纸上的相关文章数量呈现先升后降的趋势，发文高峰期是 2007 年，共 83 篇，随后便逐年下降。报纸论文的作者及其所属单位比较分散，即作者除中国版本图书馆的徐来、《北京商报》的蓝有林两人各发表 2 篇文章外，其余作者均只发表了 1 篇文章，除《北京商报》、河北科学技术出版社外，同一机构中在报纸上发表与科普图书相关文章的作者只有 1 人。

通过以上分析可以发现，目前关于科普图书的研究成果虽然很多，但多集中在科普图书的选题、策划、编辑、出版等方面；同一研究者发文量比较少，研究不够深入；研究者所属单位多集中在与科学技术相关的出版社和与科普相关的事业单位，高校研究者相对较少。科普图书的期刊论文质量虽然整体上还不错，但学术影响仅仅局限在国内，在国际相关学术界的影响有待提高。科普图书相关学术活动主要还是由中国科学技术协会、中国科普研究所及一些地方科协组织推动，其他社会组织的参与相对较少。

二、科普图书的定义

科普图书的定义是什么？这是一个老话题，学界并无太多争议。"科普图书"是一个偏正短语，"科普"是起限定作用的修饰语，"图书"是主语。因此，在明确科普图书的概念之前，应先明确"科普"和"图书"两个概念。

（一）科普的定义

在现代汉语中，"科普"是"科学技术普及"的简称。1915 年，中国科学社成立时在其《中国科学社总章》第七项中提到"学术演讲，以普及科学知识"，较早将"科学"与"普及"两词结合使用。虽然此时"科普"已经呼之欲出，但"直到中华人民共和国成立前，'科普'一词见于文献者并不多。"作为"科学技术普及"的省略语，"科普"一词最早公开出现是在中华人民共和国成立以后。1950 年 8 月，全国科学技术普及协会在北京成立，随后《科学普及通讯》在第七期对此事进行了报道，而《人民日报》又在 1950 年 9 月 15 日第 6 版"新书刊介绍"栏目对《科学普及通讯》第七期进行了介绍。《人民日报》在该介绍中称："该刊本期为庆祝中华全国科学技术普及协会的成立，刊载了科普协会主席梁希的《中华全国科学技术普及协会的任务》……"

第一次将"科普"作为"科学技术普及"的省略语公开使用。其后，"科普"一词便流行开来，开始频繁见诸报端。2002 年 6 月，我国通过了《中华人民共和国科学技术普及法》，将"科普"作为"科学技术普及"的简称引入该法条文。

关于"科普"的概念，学界的观点并不统一，主要有以下几种代表性观点。第一种是采用《中华人民共和国科学技术普及法》中对"科普"的定义，即国家和社会采取公众易于理解、接受、参与的方式，普及科学知识、倡导科学方法、传播科学思想、弘扬科学精神的活动。这一定义既明确了科普的主体和客体，又明确了科普的方式和内容。第二种是传播学意义上的定义。这类观点认为，科普是把人类掌握的科学技术知识、技能、思想、方法及精神等，通过各种方式和途径传播到社会的各个方面，使之为大众所了解、掌握，以增强大众认识自然和改造自然的能力，并使之树立正确的世界观、人生观和价值观。章道义等在《科普创作概论》中表述的观点即属此类。第三种是从系统的角度来定义。这类观点认为，科普是把科学技术知识、精神、思想、方法等通过多种有效的手段和途径向社会公众传播，为公众所理解和掌握，并不断提高科学文学素质的系统过程。这一观点强调科普是一个系统过程，与科研、社会实践、主体与客体联系紧密。第四种是将科普与国外的"公众理解科学"或"科技传播"等名词等同看待。虽然几种观点侧重点不同，但在科普的内容和受众方面即并无分歧，即向社会公众普及科学技术知识、技能、思想、方法、精神等。

（二）图书的定义

图书是人类用来记录知识、传承经验、交融感情的重要工具和媒介，具有携带方便、传播面广等特点，对人类文明的发展有着巨大贡献。"图书"的概念在中国古代典籍中早已有之，最早可追溯至《周易·系辞》中"河出图，洛出书，圣人则之"的典故。"图书"一词第一次出现是在《史记·萧相国世家》中，即"何独先入收秦丞相御史律令图书藏之"一句。但这里的"图书"指的是地图和文书档案，并不是现代意义上的图书。中国古代的典籍中也有对图书进行过定义，如"百氏六家，总曰书也"（《尚书·序疏》）、"著于竹帛谓之书"（《说文解字·序》）等，这些定义揭示了当时图书的内容和形式特征，并将"书"作为一种特指与原始文字及书法概念等区别了开来。经过长期的发展及著作方式、载体、书籍制度、生产方式等变化，图书的概念渐趋明确。

现代意义上的图书概念有广义和狭义之分。广义的图书泛指各种类型的读物，如书刊、报纸，甚至包括声像资料、微缩胶片（卷）及机读目录等新技术产品；狭义的图书则专指由出版社（商）出版，具有特定的书名、编著者名和国际标准书号，有定价并取得版权保护的出版物。

（三）科普图书的定义

目前学界对科普图书的定义主要是借用"科普"和"图书"的概念组合而成的。中国科普研究所在 2002 年的《中国科普报告》中给出的定义是："科普图书有广义与狭义之分，狭义的科普图书是指关于自然科学知识方面的通俗读物，如天文、地理、物理、化学之类；广义的科普图书在此基础上，还包括各类实用技术类图书，部分社会科学和人文学科方面的图书，以及涉及人们日常生活的各类知识性图书。"科学技术部在年度科普统计调查时对科普图书给出的定义是："指以非专业人员为阅读对象，以普及科学技术知识、倡导科学方法、传播科学思想、弘扬科学精神为目的，在新闻出版机构登记、有正式刊号的科技类图书。"[①]从这两个定义中可以看出，二者均参考了"科普"概念中科普的内容、对象及方式，借鉴了狭义的"图书"概念。不同的是，后者仅将"科普图书"限定为"通俗读物"；而前者则除"通俗读

---

① 中华人民共和国科学技术部. 中国科普统计 2016 年版[M]. 北京：科学技术文献出版社，2016：2.

物"外，将"实用技术类书图书"这一面向特定人群的稍显专业的书籍也纳入其中。

综合以上定义可以看出，科普图书，指的就是以自然科学为内容，以普通大众为阅读对象，以通俗易懂浅显为方式，以普及为目的，具有相关书名、书号并经出版单位公开出版的出版物。

科普图书的内容主要以"自然科学"为主，这里的"自然科学"不仅包括自然科学技术知识，同时还包括科学方法、科学思想、科学精神等。自然科学技术知识方面的科普内容较为明确，凡以浅显通俗的形式讲述或介绍的自然科学技术知识，如天文、地理、物理、化学、生物等，皆属科普图书的内容；而科学方法、科学思想、科学精神等方面的科普内容则大多不是直接表述，而是体现在科学发现、科学幻想、科学研究活动、科学家成长及治学经历、学科发展历史等之中。

图书是具有悠久历史的传统媒体，随着时代发展，其形式也在不断发生变化。在当今科技和文化相对发达的时代，科普图书已经从单纯的文字或简单图文向着更加丰富多样的形式发展。目前的科普图书不但装帧更加精美，书中插图的色彩更加艳丽，还突破了传统纸质图书的形式，产生了立体图书、发声发光图书、电子图书、网络图书、手机图书等多种图书形态。多种形式的科普图书，更易满足不同读者的多样化需求，增加阅读的趣味性，从而大大提高科普效果。

20 世纪 80 年代，邵益文对图书的特点和作用进行了总结，指出图书与报纸、杂志相比具有独立性、稳定性、系统性、统一性等特点。时至今日，虽然诞生了互联网、移动电视、手机等众多新兴媒体，但与这些新兴媒体相比，图书的上述特点仍然存在，作为图书中的一个类型，科普图书同样拥有这些特点。一本科普图书或一套科普丛书均是围绕着某一主题或一系列相关主题而展开，进行系统的介绍或讲述，有统一的行文和装帧设计风格，出版后即成为一个独立且稳定的个体，并能在读者中间持续产生影响。此外，科普图书还具有不同于其他图书的特点，即科学性和通俗性。科普图书的目的是向大众普及科学技术知识，倡导科学方法，传播科学思想，弘扬科学精神，没有科学性和通俗性的图书，不能称之为科普图书。因此，科学性和通俗性是科普图书必须具有的两个基本特点。

（四）科普图书的范畴

作为传播人类科学文化的一种物质载体，科普图书既有物质属性，又有精神文化属性。从物质属性来说，科普图书是具有物质形态的公开出版物，由一定数量的纸张、按照特定的开本印刷后装订而成，具有明确的书名、编著者名、国际标准书号和价格等；从精神文化属性来说，科普图书是普及科学技术知识、倡导科学方法、传播科学思想、弘扬科学精神的载体，一经进入市场流通，就开始持续发挥其普及科学的功能。

根据科普图书的定义和基本特点，凡同时具备科学性和通俗性两个条件的图书即可归入科普图书的范畴，但在具体操作过程中，科普图书的范畴就变得模糊不清，并没有统一的标准或观点，如中医养生、大众哲学、工业技术、投资收藏等门类中的一些图书是否应归入科普，研究界一直争论不休，没有统一的意见。之所以如此，是因为科普图书中有些类别具有很强的交叉性或延展性。

就交叉性来说，科学与艺术、科学与军事、科学与经济等交叉学科方面的通俗读物可以归入科普的范畴，但科学与艺术中科学占多少比重才能归入科普却是不明确的。以科幻小说为例，科幻小说是科学与艺术的结合，但与科学小品或纯粹科学知识的通俗介绍不同，科幻小说并不是完全以表现科学为主要目的，而主观上大多是借科学来表现艺术，只是在客观上能起到普及科学的作用。一部科幻小说中是科学多一些还是艺术多一些，很不易判断。就延展性来说，用极浅显的语言介绍科学技术知识的书籍明显属于科普图书的范畴，而稍显专业的科技书籍，如针对摄影爱好者或天文爱好者的一些专业书籍同样可以归入科普图书的范畴，但针对爱好者的书籍与专业书籍之间的界线却是不明确的，这就给科普图书的判断增加了难度。

从部分科普图书的上述特点可以看出，科普图书的范畴是具有弹性的、可变化的，依据不同的判断标准，其范畴也会有所不同。但无论依据标准如何变化，以自然科学为内容，以普通大众为阅读对象，以通俗易懂浅显为表达方式，以普及科普为目的而出版的图书都可以归入科普图书的范畴，一般不存在争议。

三、科普图书的分类

科普图书涉及众多学科，分布较为复杂，因此有多种分类方法。目前的分类方法主要有：简单分类方法，即分为知识类和实用技术类两个大类；按读者对象分，分为高级科普、中级科普、一般科普、启蒙科普，或者分为幼儿科普、青少年科普、成人科普；按行业分，如分为工交科普、国防科普、医药卫生科普、农业科普；按创作类别分，如分为科普小品、科普诗歌、科普美术、科幻小说。[①]这些分类方法主要是按内容、对象、学科、行业、体裁、类别或形态等进行分类，但无论哪种分类，都不能很好地契合科普图书的范畴。

结合科普图书的既有分类和科普图书范畴的弹性特点，笔者认为，可根据科普图书科普功能的强弱进行分类。科普功能即图书的出版是否以科普为目的、内容是否科学、形式是否通俗易懂等。如果一本图书完全符合科普图书的定义，即以自然科学为内容，以普通大众为阅读对象，以通俗易懂浅显为表达方式，以普及科普为目的，那可以说该图书的科普功能很强，如针对大众的科普读物；如果一本图书是以自然科学为内容，以通俗易懂浅显为表达方式，但并非以普通大众为阅读对象，以普及科普为目的，那该图书的科普功能就相对弱一些，如针对某些行业人员的技术读本。

按照科普图书科普功能的强弱可将科普图书分为核心科普图书、

---

① 中国科普研究所. 中国科普报告2002[M]. 北京：科学普及出版社，2002：122.

一般科普图书和泛科普图书。核心科普图书指的是明确以普通大众为阅读对象，以科学技术普及为目的，运用通俗易懂的叙述方式介绍科学技术知识的书籍，也即在内容、目的、对象、形式四个方面均能满足科普图书的要求，判断均可将该书归入科普图书的范畴，且不存在争议的图书，如以婴儿、少儿、青少年、中老年人、孕妇等为对象介绍科学知识的通俗读物等。一般科普图书指以科学技术普及为目的且采用了浅显易懂的形式介绍科学技术知识，但却并非以普通大众而是以特定职业的人群为阅读对象的图书，如书名中明显含有问答、读本、一本通等科普形式的图书、农业实用技术类图书等。泛科普图书指具有科学的内容，但在形式方面稍显专业，在对象上更为狭窄（如以特定行业人群为对象的图书）的图书，或者科学与其他学科知识相结合的通俗类读物，如含有科学加军事、科学加艺术、科学加经济等内容的通俗读物。

从以上分析可以看出，核心科普图书、一般科普图书和泛科普图书之间是一种围绕科普图书定义而形成的层级关系（图4）。核心科普图书在内容、目的、对象、形式四个方面紧密契合科普图书的定义，是科普图书中最核心的部分。一般科普图书在内容、目的、形式方面属于科普图书的范畴，但是以特定职业人员为对象，基本符合科普图书的定义，是科普图书的重要组成部分。泛科普图书则是科普图书中有争议的部分，根据对科普图书定义界定的严格与宽泛，甚至可以决定一部分泛科普图书是否属于科普图书。因此，泛科普图书也是科普图书中的较具弹性部分。

图 4　科普图书分类

将科普图书分为核心科普图书、一般科普图书、泛科普图书，其初衷主要是想利用计算机技术对中国国家图书馆馆藏数字图书资源中的科普图书进行分类提取。

四、科普图书的数据来源

本文以中国国家图书馆联合编目中心的图书数据库为数据来源，之所以以国家图书馆联合编目中心的数据库为来源，主要有以下几个方面的原因：①按照国家图书出版相关规定，每年新发行的图书均须向版本图书馆和国家图书馆报送图书；②国家图书馆设有专门的图书催缴人员，对各个出版社出版的新书进行催缴；③国家图书馆已完成了近些年图书的数字化工作，建有图书数据资源库，所有在馆新书在资源库中都有相关信息；④国家图书馆与全国地方图书馆进行联合编目，实现了书目数据资源的共建共享。也正因此，国家图书馆已经发展成为目前世界上中文藏书最多的图书馆，是每年新出版中文图书收藏与利用率最高的图书馆，同时也是图书资源数字化程度最高的图书馆。

五、科普图书提取方法

国家图书馆主要采用中图分类法对图书进行分类，即将所有图书分为哲学人文社会科学、自然科学和综合三个大类，在三个大类之下再按专业进行细分，如 A 类为马列主义、毛泽东思想，B 类为哲学，C 类社会总论，D 类为政治、法律，E 类为军事，F 类为经济，Q 类为生物科学，R 类为医药卫生，等等。科普类图书零散地、不均衡地分布在这些图书类别中，如 E 军事类中科技在军事中的运用及武器装备方面的图书、J 艺术类中关于单镜头反光照相机的介绍、I 文学类中的科学故事、R 医药卫生类中关于家庭保健的图书、S 农业科学中关于农作物种植及农业技术的图书等，都属于科普图书。此外，国家图书馆对每册图书进行编目时有书号、定价、书名、作者、译者、丛书名、出版单位、页码、出版年、一般性附注内容、款目要素、论题复分、形式复分等多达 43 条编目信息，这些编目中包含了图书的内容（"一般性附注内容"中图书的内容提要），对象（"形式复分"中的少儿读物、青年读物、中老年人读物等），形式（分类号中的-49 类）等相关信息。如图 5 中的"成长知识必读""浅显平易""注音版""图文版""图文并茂"等，都可以作为识别科普图书的关键词。因此，完全可以从上述编目信息中判断出一本图书是否属于科普图书，这为利用计算机技术从国家图书馆的馆藏资源中分类提取科普图书提供了可能。

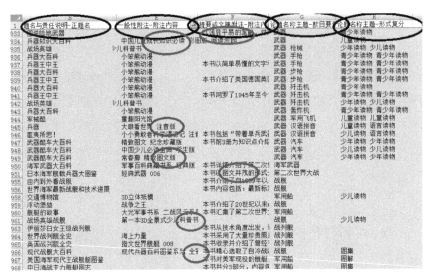

图 5　E 军事类书目信息样本

科普类图书大多集中在自然科学类，在社会科学类中如 I 类中的科幻小说、科学小品、科学故事等也都属于科普。根据中图分类法的分类特点，经过多次反复试验，决定用组合检索的方式对 A 至 Z 各个类别进行单独筛选，每个类别筛选方式有所不同。

以 E 类军事类图书为例，在军事类图书中，科技在军事中的运用及武器装备方面的图书均可归入科普类图书。该类中数据提取方法如下：①去掉教材、研究、会议资料、参考资料等非科普类图书；②将形式复分中的少儿读物、通俗读物、青少年读物、普及读物、儿童读物、手册、图解、图集等科普类条目提取出来。但这些少儿或普及读物中有些是军事历史方面的图书，并非科普，因此再以论题复分中的基本知识、介绍、武器、武器装备、军事技术、军事应用、技术史、情报收集等科普类关键词进行提取。

数据提取过程是先在样本数据（一般为 1000 条）中提取，再在整个数据库中提取。在样本数据提取后需要算出科普图书提取比例和科普图书所占比例，计算方法如下：

$$\frac{所提取数据中科普图书的数量}{样本中的科普图书数量}=科普图书提取比例$$

$$\frac{所提取数据中科普图书的数量}{所提取出的数据总数}=科普类图书所占比例$$

通过这一比例，基本可以了解组合筛选的方法在该类图书中提取出科普图书的大致情况。

六、科普图书数据的提取结果

运用组合检索的方式在国家图书馆联合编目中心数据库中共提取出科普图书数据（2015 年出版）34 104 条，经过数据清洗和人工甄别后的剩余数据为 14 076 条（表 1）。这一结果与科学技术部《中国科普统计 2016 年版》中公布的 2015 年全国出版科普图书的数据（16 600种）较为接近，从实践方面证明了组合检索方式在总体上的可行性。

表 1　科普图书提取结果

科普图书类别	电脑提取数据/条	人工甄别剩余数据/条
E 军事	552	352
F 经济	61	15
G 文化、科学、教育、体育	5 307	1 705
I 文学	439	433
J 艺术	720	165
K 历史、地理	173	162
N 自然科学总论	296	275
O 数理科学和化学	928	529
P 天文学、地球科学	1 001	641
Q 生物科学	1 778	1 560
R 医药、卫生	6 956	2 710
S 农业科学	2 013	1 392

科普图书类别	电脑提取数据/条	人工甄别剩余数据/条
T 工业技术	10 488	2 310
U 交通运输	1 246	461
V 航天、航空	210	107
X 环境科学	675	380
Z 综合性图书	1 261	879
总计	34 104	14 076

七、对数据提取结果的分析

2015 年是"十二五"时期的收官之年，科普图书出版成绩突出，除在出版种类和印刷册数方面有大幅增加外，单种图书平均出版册数也有所回升。《中国科普统计 2016 年版》中的统计数据显示，2015年全国共出版科普图书 16 600 种，比 2014 年增加了 8093 种，几乎翻了一倍，首次突破一万种，占同年全国共出版图书种数的 3.49%；印刷册数为 1.34 亿册，占同年全国出版图书总印册数的 1.54%。[①]2015 年科普图书的出版种数和印刷册数都是历年来所占比例最高的一年。

（一）科普图书学科分布

从学科分布来看（表 1），R 类（医药卫生）、T 类（工业技术）、G 类（文化、科学、教育、体育）、Q 类（生物科学）、S 类（农业科学）、Z（结合性图书）等几类的科普图书数量最多，共有 10 989 种（其中 R 类 2710 种、T 类 2310 种、G 类 1705 种、Q 类 1560 种、S 类 1392种），占所提取科普图书总数的 68.7%。可以看出，与医药卫生、工业技术、生物科学、农业科学及科学教育等学科相关的科学知识是目前科学普及的主要阵地。

① 中华人民共和国科学技术部. 中国科普统计 2016 年版[M]. 北京：科学技术文献出版社，2016：76.

（二）科普图书译著

在提取的科普图书中，译著有 2899 种，约占当年科普图书总数的 20.6%。从译著来源（图 6）来看，2015 年科普图书中的译著来自于英国、美国、法国、韩国、日本、德国、苏联、俄罗斯、比利时、加拿大、意大利、澳大利亚等 33 个国家和地区，其中译自英国、美国、法国、韩国、日本、德国等几个国家的最多，共有 2505 种（其中译自英国的有 606 种、译自美国的有 576 种、译自法国的有 493 种、译自韩国的有 398 种、译自日本的有 280 种、译自德国的有 152 种），占 2015 年科普图书译著总数的 86.4%。

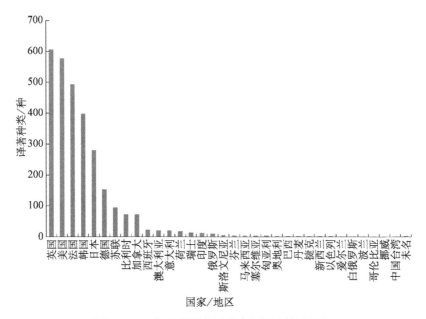

图 6　2015 年科普图书译著来源国及地区排名

（三）科普图书对象

在国家图书馆的编目信息中，"论题名称主题-形式复分"中的信息有儿童读物、少儿读物、少年读物、青少年读物、普及读物、技术手册、图集、指南等，从中可以大致判断出大部分图书的目标人群。为统计方便，将少儿读物和儿童读物统一为"儿童读物"，将少年读物、青年读物、青少年读物统一为"青少年读物"，将普及读物、通俗读物、语言读物、小说集等统一为"成年人读物"，将针对老年人的读物统一为"老年人读物"，将图解、图集、技术手册等统一为"特定人群"。从图7中可以看出，以儿童为对象的科普图书最多，共有1337种，约占译著类科普图书总数的46.1%；其次为面向成人大众的普及读物、通俗读物、语言读物及指南等，共有837种，约占译著类科普图书总数的28.9%；再次为青少年读物，共有386种，约占译著类科普图书总数的13.3%；其余则是面向各种爱好者等特定人群的技术手册、图集、图解等；面将老年人的读物也有一些，但数量不多。

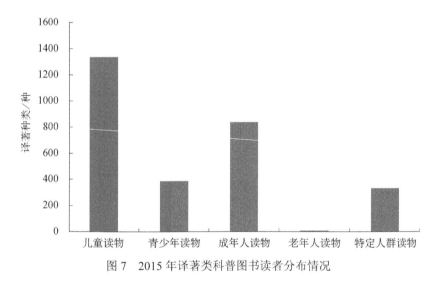

图7　2015年译著类科普图书读者分布情况

（四）科普图书定价

统计结果显示（图8），2015年科普图书定价区域集中在10~40元，该价格区域的图书数量为9443种，约占当年科普图书总数的65.1%。定价在20~30元的图书数量最多，有3812种，约占当年科普图书总数的26.3%；其次是定价在10~20元和30~40元的图书，其数量分别为3089种和2542种。

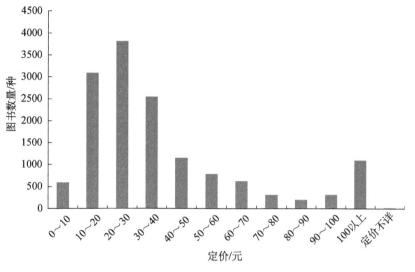

图 8　2015 年科普图书价格分布情况

（五）科普图书页数

统计显示，2015 年科普图书中页码在 100～200 页的图书数量最多，共 4484 种，约占该年科普图书总数的 31.9%；其次为 0～100 页和 200～300 页的图书，数量分别为 3702 种和 3097 种，分别占该年科普图书总数的 26.3% 和 22%（图 9）。需要解释的是，大部分 1000 页以上的图书及少部分 500～1000 页的图书为丛书，其显示的页码为丛书总页码。

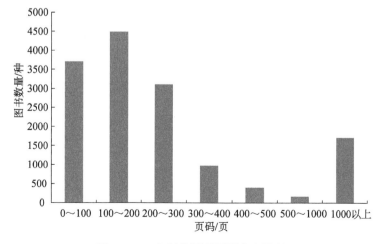

图 9　2015 年科普图书页码分布情况

（六）科普图书出版地

2015 年全国共有 53 个城市出版科普图书，其中北京市、长春市、南京市、武汉市、上海市 5 个城市出版的科普图书数量位列前五名，合计出版科普图书 9770 种，占全国科普图书总数的 69.4%。北京市出版的科普图书数量最多，有 7442 种，占全国科普图书总数的 52.9%，以其绝对优势高居榜首，长春市、南京市、武汉市、上海市出版的科普图书分别为 704 种、615 种、517 种、492 种，位列北京市之后（图 10）。这一统计结果与科学技术部《中国科普统计 2016 年版》中公布的统计数据有所出入。在排名方面，科学技术部是以省为单位进行统计，其前五名分别是北京市、上海市、新疆维吾尔自治区、四川省和湖北省，本文则是以市为单位进行统计；在出版数量方面，在科学技术部的统计结果中，北京市、上海市 2015 年出版的科普图书数量分别为 4595 种和 1074 种，与本文的统计结果不同。

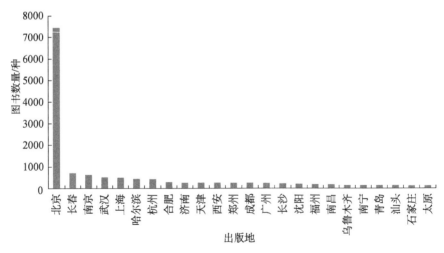

图 10　2015 年科普图书出版地排名

注：因版面所限，本图只显示出版数量在 100 种以上的地区。

北京、长春、南京、武汉、上海 5 个城市 2015 年出版科普图书的出版单位数量共有 269 家，其中出版单位数量依次为 186 家、13 家、17 家、16 家、37 家。这 5 个城市中出版科普图书的出版单位平均出版科普图书的数量依次为 40 种、54 种、36 种、32 种、13 种。5 个城市中出版科普图书数量最多的出版单位分别为化学工业出版社（819 种）、吉林科学技术出版社（179 种）、江苏凤凰科学技术出版社（338 种）、长江少年儿童出版社（156 种）、上海科学技术普及出版社（95 种）。从以上统计数据可以看出，北京市虽然在科普图书出版数量、出版单位数量等方面占有绝对优势，但在出版单位平均出版科普图书数量上却并不突出，甚至低于长春市。

（七）出版社

2015 年全国出版科普图书的出版社共有 539 家，占全国出版社总数的 92.3%[①]，其中化学工业出版社出版科普图书最多，有 819 种。排名前十位的出版社还有电子工业出版社、人民邮电出版社、机械工业出版社、金盾出版社、江苏凤凰科学技术出版社、清华大学出版社、北京联合出版公司、人民军医出版社和中国农业出版社等，这些出版社合计出版科普图书 3629 种，占同年出版科普图书总数的 25.0%（图 11）。

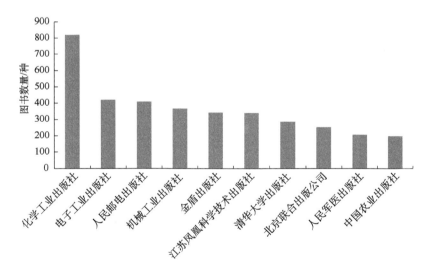

图 11　出版社出版科普图书数量前十位

---

① 国家新闻出版广电总局在《2015 年全国新闻出版业基本情况》中公布的数据显示，截至2015 年年底，我国共有出版社 584 家。

统计中发现，社名中含有"科学技术"和"科学普及"的出版社也是出版科普图书的重要力量，本文共统计出该类出版社33家。从出版的科普图书数量来看，该类出版社共出版科普图书2760种，占同年科普图书总数的19.0%，其中，江苏凤凰科学技术出版社出版科普图书最多，有354种，其次为吉林科学技术出版社、北京科学技术出版社、天津科学技术出版社、黑龙江科学技术出版社、中国农业科学技术出版社、中国科学技术出版社（科学普及出版社）、浙江科学技术出版社、湖北科学技术出版社、安徽科学技术出版社等，以上出版社2015年出版的科普图书数量均在百种以上。

（八）作者及译者

本文共统计出科普图书作者（含编者）6875个，科普图书译者1421个，这些作者和译者中既有个人，也有图书的编委会、编写组，还有一些单位或组织等。统计结果显示，2015年出版科普图书最多的作者是儒勒·凡尔纳，共有173种，其次是崔钟雷和龚勋，出版的科普图书数量分别为167种和120种。凡尔纳是世界著名科幻小说家，影响了几代人，即使在一百多年后的今天，其作品依然深受读者欢迎。翻译科普图书最多的译者是陈筱卿，共翻译国外科普图书51种，其次是乐乐趣工作室和侯晓希，分别为32种和28种。需要注意的是，在陈筱卿翻译的科普图书译著中，原书作者主要是凡尔纳和法布尔两人，其中凡尔纳的作品有43种，法布尔的作品有10种。

八、结论

2015年是历年来出版科普图书最多的一年，也是最具代表性的一年。近些年来，我国科普图书出版无论是图书种数还是总印刷数量均年年攀高，单种科普图书的出版册数也逐渐有所回升。科普图书种数和印数在年度全国出版图书种数和印数中所占比例也在逐渐上升。北京市作为全国政治中心、文化中心，其出版的科普图书数量无论是核心科普图书还是一般科普图书或泛科普图书都远超其他城市的出版量，在原创科普图书和科普图书译著方面的出版情况亦然。就出版社来说，90%以上的出版社都出版有科普图书，且各出版社出版科普图书各有侧重，如化学工作出版社出版的科普图书数量最多，人民邮电出版社出版的科普图书译著最多，北京联合出版公司出版的核心科普图书比例最大等。从作者来看，作者和译者的整体数量比较多，作者之间的作品数量相差较大，译者的情况也基本类似。近些年来，一方面，政府越来越重视科普事业，鼓励繁荣科普创作，社会上各种图书评奖越来越多地关注科普图书，新媒体的快速发展也可以成为科普图书发展的有利条件；另一方面，科普图书创作者也越来越注意贴近大众生活，关注社会发展。在这样的大环境下，未来几年科普图书的发展会渐渐加快，我国科普图书出版正迎来了一个新的快速发展期。

新媒体科普号评价指标初步研究

郑永春　赵伟方

本文针对新媒体科普发展过程中出现的一些问题，结合当前我国新媒体科普现状，搭建新媒体科普号的初步评价指标体系，结合新媒体科普号大数据平台提供的统计数据，进行了数据分析和初步研究，提出了新媒体科普号的初步评价指标体系。

一、新媒体科普发展现状与存在的问题

传统上，科普主要通过广播、电视、报纸、讲座、书籍、杂志和宣传栏等渠道，传播科普知识。随着信息技术的快速发展，一系列新兴的媒体形式大量涌现，它们通过互联网，以电脑、手机、数字电视等为终端，以网页、微博、微信等方式，为用户提供科普服务。新媒体的出现，改变了公众的阅读环境和阅读习惯，越来越多的人借助新

作者简介：郑永春，中国科学院国家天文台研究员，中国科普作家协会副理事长，美国天文学会卡尔·萨根奖唯一华人获得者，被评为 2016 年全国十大科学传播人物、《南方人物周刊》中国青年领袖，获中国科学新闻人物提名奖等。

赵伟方，北京航空航天大学科学与技术教育专业硕士研究生，曾参与创作《火星地下冰川：新发现的意义》等。

媒体获取科普信息。中国互联网络信息中心（CNNIC）发布的数据显示，截至 2017 年 12 月，我国网民规模达 7.72 亿，其中手机上网用户占 97.5%。

随着新媒体的发展，新媒体也延伸拓展出了许多新的科普形式，推动科普工作不断提升信息化水平。相较于传统的广播电视、报刊、讲座等传播渠道，新媒体具有更加便捷、快速和高效的特点。但这种新的科普方式必然对依赖传统媒体的科学传播方式造成极大冲击。

新媒体与科学传播的结合，使得科学传播的主体中心逐步被消解，进而走向了以公众为主的多元化主体。[①]基于互联网的不断发展，现已形成了以微博、头条和微信等社交媒体平台为主要途径，各大科普网站竞相发力的新媒体科学传播网络。

由于新媒体科普刚刚兴起，发展十分迅速，一些在发展过程中出现的问题也逐渐显现。

一是科普自媒体发布的作品数量庞大，精品难以凸显。清华大学金兼斌教授团队曾对 783 个科普微信公众号进行过系统分析，这些公众号发布了成千上万篇科普文章，科普作品的质量参差不齐，鱼龙混杂。某些自媒体沦为"标题党"，以此吸引受众，但作品内容质量不高，知识产权意识不强，缺少原创。公众经由这些公众号了解的科学，往往偏离了科学本身的形象。这也导致一些经过认真创作的精品科普作品，难以被筛选和得到有效传播。

二是"媒体主导"型科普存在一定缺陷。在科学传播过程中，科学家、媒体和公众是不可分割的"铁三角"，所以"科学+媒体+公众"应该才是科普的有效形式，任何一方的缺位都将导致科学传播的失真。在现有的科学传播中，"媒体主导"型仍占有很大的比重，一些网站和相关媒体发布的作品中存在着一些不准确甚至是错误的知识和信息。而作为科学传播信源的科学家并未充分发挥作用，这给新媒体使用者

① 陈鹏. 新媒体环境下的科学传播新格局研究[D]. 安徽：中国科学技术大学，2012.

带来了误导，影响了新媒体科普的声誉和公众的信任度，需要尽快加以改善。

三是科学家参与度和热情不高。部分科学家担心自己的学术观点被曲解，不愿意参与科普。作为科学传播的第一"发球员"，目前国内积极参与科普的科学家，相比于以前有了很大的改善，但整体上比例依然相当低，因此还需针对问题，精准施策，鼓励更多的科学家自愿从事科学传播工作。

因此，开展新媒体科普评估指标研究显得尤为重要。"新媒体科普评价指标体系"的建立，不仅可以保障新媒体科普内容的科学性，规范新媒体科普平台的行为，引领新媒体科学普及事业的发展，推动建立合理有效的竞争格局，促进相关产品的协调和配合，还有利于加强对新媒体科普行业的政策指导和科学管理，提高传播效率，建立有效的监督引导机制，提高公众科学素质，培养科学精神。

二、数据与方法

鉴于新媒体科普作品形式多样、数量巨大，且传播效果与作品形式和传播平台有关，需要对作品进行分门别类的系统分析，对新媒体科普作品的评价指标，将在今后的研究中加以分析。本文主要结合新媒体科普的主要特点，针对新媒体科普号的评价指标进行研究，研究对象主要集中于"两微一端"，即微信、微博、头条号。

（一）研究方法

首先，收集整理传统科普媒介的评价标准、评估指标等研究资料，分析其中的主要特征和方法。传统的媒体科普手段主要包括广播电视、报刊、科普讲座等。广播电视的科普方式具有普及性、习惯性和权威性等特点[①]；报刊的科普具有及时性、实用性和丰富性等特点；科普讲座

---

① 关娜,孙亮. 在传统媒体特性下发挥新媒体优势的策略研究[J]. 广播电视信息,2007(12)：32-34.

主要具有通俗性、趣味性和现场性等特点。可以看出，面向公众的科普作品一般要求具有权威性、及时性和实用性，部分作品还要求具有通俗性和趣味性。因此，结合新媒体科普号的主要特点，通俗性、准确性、趣味性和艺术性这些指标可以吸纳到新媒体科普评价指标中。

其次，结合新媒体科普的特点和出现的问题，初步建立起适合新媒体科普发展的评价指标体系。新媒体除了本身具有便捷性、快速性和高效性外，相较于传统媒体更具有全民化、平民化、强交互性和瞬时性。[①]新媒体科普内容的生产者和消费者之间的界限更加模糊，有些人既是内容的生产者，又是内容的消费者。传播方式更加扁平化，传统媒体主要采用垂直分销方式，自上而下地进行传播；而新媒体更多地通过用户转载、朋友圈分享等方式进行传播，门户网站的功能弱化。例如科学家霍金去世，新媒体网络关于霍金在科学研究和科学传播上的贡献的报道铺天盖地；同样，"天宫一号"完成工作使命坠毁，一时间，各大新媒体科普号借此事件介绍中国载人航天史和空间站建设的历程。春风化雨般的长效科普作品，越来越趋近于讲究时效、追求热点的科技新闻。可以看出，全民化、高效性、瞬时性和时效性是新媒体科普的主要特点，便捷性和高效性这些指标，有必要吸纳到新媒体科普号的评估标准中。

最后，专家评审。由于科普内容来源于科学研究，在创作过程中难免会失去一些准确性和科学性，可能会存在一些误读或夸大的情况，因此，有必要在新媒体科普号大数据统计的基础上，增加专家评审环节。通过遴选具有充分的科研背景和学术经历及拥有丰富科普经验的专家，针对新媒体科普号评估指标进行研究与讨论，并提供专业性的见解和看法，对新媒体科普号的评估标准再进行完善和补充。本环节增加了科普号对所传播知识的科学性与准确性这一指标，并完善了其他指标。

综上所述，新媒体科普号初步评价指标整体上分为表1中的4个部分。

---

① 何英. 自媒体与传统媒体特点比较[J]. 发展，2014（4）：89-89.

表 1　新媒体科普号评价指标

指标	考察内容	分值
趣味性、通俗性	内容是否有趣	30 分
科学性、准确性	知识是否准确	30 分
文学性、艺术性	形式是否优美	30 分
专家补充评审意见		10 分

（二）数据来源

目前，国内有多家数据挖掘平台，通过筛选，选择与上海看榜信息科技有限公司（http://www.newrank.cn）和北京清博大数据科技有限公司（http://www.gsdata.cn/）两大大数据平台合作，利用其统计优势，并结合相关后台提供数据。对新媒体科普的评价指标提供数据支持并加以改进，初步形成新媒体科普的评价指标。

上海看榜信息科技有限公司作为中国首先提供微信公众号内容数据价值评估的第三方机构，已遍历超过 1000 万个微信公众号，截至2018 年 4 月，对超过 55 万个有影响力的优秀账号实行每日固定监测，据此发布微信公众号影响力排行榜（日榜、周榜、月榜、年榜），以及超过 20 个细分内容类别的行业榜和超过 30 个省（自治区、直辖市）的地域榜。北京清博大数据科技有限公司是中国新媒体大数据评价体系和影响力标准的研究制定者，中国领先的新媒体舆情平台，国内最重要的舆情报告和软件供应商之一。

（三）数据提取

从众多的账号中选取我们需要的科普号，需要以下几个步骤（以微信为例）。

第一步，科普类公众号的初步抓取。在清博大数据平台上，根据公众号的名称或账号功能描述中含有的"科技""天文"等关键词进行抓取。

第二步，二次筛选。在初步抓取的基础上，以公众号的"功能介绍"文本为分析对象，找出含有"科学""科普"等关键词且去除含有"投资"等关键词的公众号。

第三步，人工筛选。这一步则是对二次筛选完的公众号再次进行人工筛选，最终确定哪些是科普类公众号。

第四步，数据挖掘。通过上海看榜信息科技有限公司对以上筛选出的科普类公众号进行具体数据分析，如发文次数、点赞总数、平均阅读数、平均点赞数等指标，选取排名靠前的公众号，再对所提供数据进行仔细分析。同理，按照此流程筛选出了微博、头条号的新媒体榜单。这些科普号将作为年度优秀新媒体科普号的候选名单，用作专家评估。

三、研究结果

（一）科普微信公众号分析

按照数据来源中的抓取步骤，初步抓取了 32 541 个科普微信公众号，经过二次筛选共得到 7708 个科普微信公众号，又经过人工筛选得到 702 个科普微信公众号。最后，在上海看榜信息科技有限公司的大数据平台（新榜）上，对这 702 个科普微信公众号的微信后台数据进行简要分析，根据科普微信公众号的新榜指数高低得出如下排名（因篇幅有限仅列出前十名）（图1）。

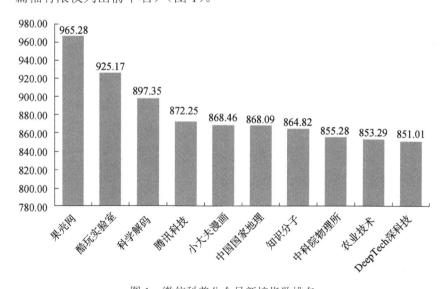

图1　微信科普公众号新榜指数排名

专家们根据各自微信账户发布文章的可信度、科学度及账户的性质等方面，做出综合评价，评选出如下的微信十大新媒体科普账户（表 2）。

表 2 微信科普公众号专家投票排名

序号	优秀新媒体科普号	专家票数	领域
1	果壳网	9	多学科
2	知识分子	9	多学科
3	环球科学 ScientificAmerican	9	多学科
4	科普中国	9	多学科
5	中科院物理所	8	物理
6	DeepTech 深科技	8	电子科技+互联网 IT
7	科学网	7	多学科
8	中国国家地理	6	地理为主
9	博物	5	多学科，偏向生物学
10	中科院之声	5	多学科

由表 2 可知，专家投票的前十名微信科普公众号的性质略有差异，其中为多学科门类的共有 6 个，物理、电子科技类、生物学和地理各有 1 个。

由图 1 与表 2 可知，大数据统计分析的结果与专家最终投票产生的结果并不完全吻合。新榜指数十大微信科普公众号排名中，只有果壳网、中国国家地理、知识分子、中科院物理所和 DeepTech 深科技 5 个微信科普公众号入选专家投票榜单。未入选专家投票榜单的 5 个微信科普公众号中，酷玩实验室与腾讯科技在新榜指数榜单中分别位列第二、第四名，排名比较靠前，但在专家评审环节中，专家集体鉴定这两个微信科普公众号性质侧重 IT，故而将其剔除；农业技术科普号文章并非原创，故而剔除；虽然数据统计显示科学解码和小大夫漫画有很高的新榜指数，但是其专家辨识度不高，未进入前十名。

由大数据与最终专家评选结果的差异可以得知，仅仅依靠大数据这种定量的分析很难全面地分析出优秀的科普公众号，所以这时就需要专家们对大数据统计下的结果再定性地进行最后的把关。专家们集体把关的过程就是评判标准完善的过程，只有对科普公众号进行定量和定性分析，得到的结果才能够更加全面。

（二）微博科普账户分析

同理按照"数据来源"中的抓取步骤，最终抓取了 200 个微博科普公众号。最后，在上海看榜信息科技有限公司的大数据平台（新榜）上，对这些科普账户的后台数据进行分析，根据影响力分数高低，得到如下排名（篇幅有限仅列出前十名）（图 2）。

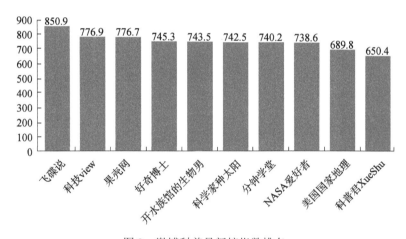

图 2　微博科普号新榜指数排名

专家还根据各自微博科普账户发布文章的可信度、科学度及账户的性质等方面做出综合评价，评选出如下的微博十大新媒体科普账户（表 3）。

表 3　微博科普号专家投票排名

序号	微博账户十大	领域	简介	专家票数
1	果壳网	多学科	果壳网官博	11
2	分钟学堂	多学科	胡桃夹子工作室创始人，《一分钟性教育》视频作者	7
3	大脸撑在小胸	气象学	中国科学院气象学博士后，《武侠，从牛 A 到牛 C》作者，微博签约自媒体	7
4	中科大胡不归	化学	中国科学技术大学副研究员，知名科学科普博主、微博签约自媒体	7

序号	微博账户十大	领域	简介	专家票数
5	Steed 的围脖	天文学	果壳网主笔,科学松鼠会成员,果壳天文领域达人,微博签约自媒体	7
6	飞碟说	多学科	微博知识视频博主,微博早期科学短视频作者	6
7	美国国家地理	地理学	美国国家地理官方微博,独家门户合作新浪科技	6
8	科学松鼠会	多学科	民间科普组织松鼠会	6
9	科学家种太阳	多学科	果壳网心理学领域达人,著有《职场尤里卡》,微博签约自媒体	4
10	NASA 爱好者	天文学	科学科普博主,泛科普视频自媒体(原 NASA 中文)	4

同样,十大微博科普账户中多学科性质的有 5 个,2 个天文学,1 个化学,1 个气象学,1 个地理学。即获奖名单中账户以多学科为主,其他学科为辅,总体上涉及了各个学科,并不单一。

由图 2 与表 3 可知,微博科普账户大数据统计分析的结果,与专家最终投票产生的结果也并不完全吻合。但大数据分析下的科普账户前十名榜单中有 6 名入选了专家投票选出的微博十大新媒体科普账户,分别为果壳网、分钟学堂、飞碟说、美国国家地理、科学家种太阳和 NASA 爱好者。其他 4 名微博科普账户,因为各自账户的性质、原创性等原因未入选。

同样,与微信评选过程出现的问题类似。由大数据与最终专家评选结果的差异可以得知,仅仅依靠大数据这种定量的分析很难全面地分析出优秀的科普账户,所以这时就需要专家们来对大数据统计下的结果,再定性地进行最后的把关,这里不再赘述。

(三)科普头条号分析

鉴于头条号成立尚晚,学科知识综合性比较强,单纯的科普账户数量凤毛麟角,因而搜集到的科普头条号数量不如微信、微博那么多,仅有 25 个科普头条号符合筛选条件。由专家对头条号这 25 个账户直接进行投票,得到如图 3 的结果。

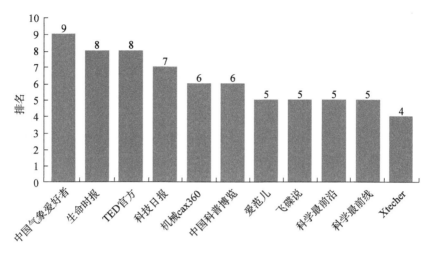

图3 科普头条号专家票选前 11 名

在头条前十名中账户中，因为"爱范儿"和"Xtecher"账户本身侧重 IT 类，"科学最前沿"和"科学最前线"账户科普属性不强，故而将其剔除，最终得出以下科普头条号专家选榜单（表4）。

表 4　头条七大新媒体科普账户

序号	头条十大账户	专家票数	简介
1	中国气象爱好者	9	气象学
2	生命时报	8	医学+健康
3	TED 官方	8	TED+视频
4	科技日报	7	多学科
5	机械 cax360	6	机械工程
6	中国科普博览	6	多学科
7	飞碟说	5	多学科+短视频
8	科普中国	4	多学科
9	知识分子	4	多学科
10	科学加	4	多学科

由此 10 个账户性质可知，6 个账户为多学科，气象学、医学、机械工程、TED 视频账户分别占据一席位。

虽然头条号账户数量少，未经大数据统计分析，但是经由以上对于账户数目巨大的微信和微博科普账号分析可知，仅仅依靠大数据这种定量的分析很难全面地分析出优秀的科普号，所以就需要专家们对大数据统计的结果，再定性地进行最后的把关。专家们集体把关的过程就是评判标准完善的过程，只有对科普号进行定量和定性地分析，得到的结果才能够更加全面和准确。

四、讨论与结论

（一）大数据分析结果并不能作为优秀新媒体科普账户的唯一指标，需要结合专家评审进行专业性综合评价

由十大新媒体科普账户评选的最终结果可知，仅仅通过传统的转发量、点赞数、发文数等指标，评选出来的新媒体科普账户前十名，与最终评选的前十名并不完全吻合，这也从侧面反映出仅仅通过数据后台分析得到的结果是不完善的，还需要根据专业性的评选并结合一定的评判标准，才能确定最终的评选结果。

大数据的分析结果能更清晰地得到更多的数据信息，但是这只是定量的分析，还需要结合专家评选等定性的分析才能使评选结果更加准确。例如，头条中部分账户的性质并不完全符合新媒体科普评判标准，但是大数据分析定量地将其包括在内。除此之外，对于部分账户发布科普作品的科学性、准确性这类指标还需要定性地判别出来。

（二）不同平台具有不同的风格特点，需要针对平台使用特性、传播途径、目标受众，进行精准创作

微信、微博、头条等各个平台有不同的受众群体，传播方式不同，相应的科普方式也不同。

微博创建之初就是一个传播信息的大社交平台，侧重于大众传播，传播对象是不确定的陌生的众人，传播内容多以公共话题为主，信息具有公开性，社会传播效果强[①]，进而成为人们了解外界信息的重要软件。微博发文比较灵活，没有发送次数的限制。而且运营较好的账户，其粉丝数目甚至可以达到几百万人。

微信从创建之初其功能和 QQ 类似，是腾讯公司开发出的另一个聊天软件，但后来随着功能的完善，出现了公众号、服务号等功能，

由于其便捷性，迅速地发展并很快为公众所接受。微信侧重于人际传播和群体传播，具有很强的私密性和用户黏性^①。一般的微信公众号，每天只能推送一次文章，具有一定的周期性和可预期性。作为新媒体，传播信息的功能目前还只是微信的功能之一。

今日头条虽然成立是最晚，但是它是一款基于数据挖掘的推荐引擎产品。其主要特点就是能够准确地从海量信息中推送给读者所需要的信息。它的这种"高科技"特性，使得其用户数连年增加，发展势头很强劲。

（三）优秀新媒体科普号的主要风格特点

对于微信科普公众号而言，其发布的每一篇文章背后都有一个运营团队，突出深度和专业性；而对于微博和头条号运营者而言，其文章中则更能突出个人特色，发布文章更灵活。

1. 创作者队伍的专业背景

由研究结果分析部分可知，微博科普博主大部分均为个人，其职务不是博士、研究员就是某一科普组织的负责人，可知其专业背景功底之深厚。微信科普公众号和科普头条号的运营者背后是一个团队在努力，更具有严谨性。

2. 良好的传播效果

由大数据分析，这些排名靠前的公众号，其发布的文章均有一些共同的特点。这些文章不仅点赞数、评论数高居榜首，而且文章通俗易懂且诙谐幽默；能够紧跟热点大事，在热点大事的余温散去之前将自己的文章发布出去，获得更多的关注。

综上所述，本文通过"两微一端"2017年度十大新媒体科普账户的评选对新媒体科普号评价指标进行了简单的应用。结果证明，该评价指标有其独特的特点，能够在一定程度上对科普号进行筛选。本次研究，只是我们对新媒体科普评价指标迈出的第一步，也是对新媒体科普号评估的初次尝试，日后还将继续修正和完善，并在2018年发布正式的优秀新媒体科普号中予以采用。

---

① 李林容. 微博与微信的比较分析[J]. 中国出版，2015（9）：53-55.

2016～2017 年新媒体科普创作的
特点与趋势

王大鹏

一、新媒体与新媒体科普创作概述

（一）何为新媒体？

新媒体（new media）的概念是 1967 年由美国哥伦比亚广播电视网（CBS）技术研究所所长戈尔德马克（P. Goldmark）率先提出的。而后美国传播政策总统特别委员会主席 E. 罗斯托在向尼克松总统提交的报告书中，也多处使用了 "New Media" 一词[1]。实际上，新媒体是一个相对的概念，广播相对于报纸是新媒体，电视相对于广播是新媒体，网络相对于电视是新媒体。互联网络的盛行，使网络媒介成为继报纸、广播、电视媒体之后的第四大传播媒体，但是随着传播技术的不断更新迭代，网络媒体的形式也越来越多元化、社交化，包括博客，

作者简介：王大鹏，中国科普研究所助理研究员，主要研究方向为科学传播理论、科学家与媒体关系、新媒体科学传播等。近年来承担和参与科研项目二十余项，已发表各类科技评论百余篇，学术论文数十篇，并出版独立译著四部。

① 匡文波. 手机媒体——新媒体中的新革命[M]. 北京：华夏出版社，2010：15.

"两微一端"（即微博、微信和客户端），网络音视频，直播，动漫，游戏，问答，增强现实（AR），虚拟现实（VR），混合现实（MR）等众多的业态。

大量的研究显示，完成正规教育的公众主要通过媒体获取科技信息，第 41 次《中国互联网络发展状况统计报告》显示，截至 2017 年 12 月，我国网民规模达 7.72 亿，普及率达到 55.8%[①]，可以说有一半以上的中国人"生活"在网上。著名的传播学者麦克卢汉在《理解媒介：论人的延伸》中提出的一个观点就是媒介即人的延伸。他认为，任何媒介都不外乎是人的感觉和感官的扩展或延伸：文字和印刷媒介是人的视觉能力的延伸，广播是人的听觉能力的延伸，电视则是人的视觉、听觉和触觉能力的综合延伸。日益丰富且多元的新媒体及社交媒体平台则可以说是人的全面延伸，这也使得其成为科普创作的重要平台和渠道，推动了科普创作的扁平化和去中心化，因为在媒体社交化的时候用户生产内容成为一个重要的趋势，但是这同时也给科普创作带来了一些挑战。

（二）新媒体下的科普创作

为了研究各种新媒体平台和社交媒体平台上的科普创作内容及其形式，有必要首先对科普创作进行界定。《科普创作概论》一书指出，"科普创作是为了普及科学技术而进行的创作活动"，并列出了科普作品的传播媒介、作品形式以及作品类型。[②]《科普创作通论》对科普创作的界定是，为达到普及科学技术知识、倡导科学方法、传播科学思想、弘扬科学精神，为了提高大众科学文化素质，为了实现人与自然、社会和谐发展的目的，科普作家服务于科普和教育所进行的创造性的精神劳动及其成果的输出过程。[③]张志敏在对上述界定分析的基础上认

---

① 中国互联网络信息中心. 第 41 次《中国互联网络发展状况统计报告》发布 [EB/OL] [2017-04-10]. http://www.cnnic.net.cn/gywm/xwzx/rdxw/201801/t20180131_70188.htm.

② 张道义，陶世龙，郭正谊. 科普创作概论[M]. 北京：北京大学出版社，1983：6-10.

③ 董仁威. 科普创作通论[M]. 北京：科学普及出版社，2015：24.

为，"科普创作"的内涵经历了从模糊到清晰的渐进过程，其外延也逐渐丰富起来。[①]因而本文倾向于采用更为宽泛的界定，在新媒体平台上传播的有科学内容的作品（包括但不限于文本、音频和视频、漫画）都应该被视为科普创作的有机组成部分。

当然，我们应该承认，目前新媒体平台和社交媒体平台上各种科普创作的形式在传统媒体时代也存在并且仍然一直存在着，只不过新媒体时代让这些传统上已经存在的科普创作形式找到了更多的出口和渠道，让其内容生产的速度更快，传播的广度更大，影响的人群更多，本文将以各种新媒体和社交媒体平台为主线，探讨科普创作所面临的机遇和挑战。

如前所述，技术的发展推动着媒体形态的不断迭代，今天的新媒体明天可能就会被更新的新媒体所取代，因而本文将时间跨度限定于2016～2017年新出现的或者仍然比较活跃的各种新媒体。这样来看，像手机报这样的手机媒体、户外和楼宇大屏等均不在本文的考察范围之内。

二、可兹科普创作利用的新媒体和社交媒体

科普创作人员可以利用的媒体平台越来越多元化，甚至会在不同的媒体平台之间无缝切换，比如博客、微博和微信等。本部分将着眼于几种公众知晓度较高的平台和渠道，以期通过分析可以发现科普创作的形式和内容。

（一）博客与科普创作

从一定程度上来说，博客是最早的一种新媒体形式。2007年年底中国的博客空间就达到7300万，共有博客作者4700万，占当时互联

① 张志敏. 中国科普创作能力的发展//王康友. 国家科普能力发展报告（2006—2016）[M]. 北京：社会科学文献出版社，2017：187.

网用户的 25%。^①新浪博客是我国最大的博客网站,但隶属于中国科学院的科学网（ScienceNet.cn）则是科学家们开博最多的站点。此外,迅速成长壮大的果壳网（Guokr.com）也吸引了大量中青年科学家开博。

由中国科学院、中国工程院、国家自然科学基金委员会、中国科学技术协会主管的科学网是全球最大的中文科学社区,目前有近百万海内外科技界专家正在使用科学网的博客、论坛、圈子、图片等服务。科学网博客上有科研笔记、论文交流、教学心得、观点评述、科普集锦、海外观察等多个板块,博主可以根据自己撰写的内容选择。虽然其他新媒体形式的出现,特别是微信公众平台的出现,给科学网博客带来了一定的冲击,但是目前科学网博客仍然有大量活跃的博主在每日更新博客内容。

同时研究显示,一些科学博客致力于讨论最近的研究,一些尝试揭开科学现象的神秘面纱,还有一些以科学家的身份来讲述其科研生活。这应该都是广义上的科普创作的范畴。科学博客的作者可以是科学家,也可以是记者、教师、学生、自由职业者和业余科学作家。可以说,在一定程度上,科学博客上科普创作的目标读者群仍然是与科学相关的人群。在玛尔特（Mahrt）和普施曼（Puschmann） 2014 年的一项研究中,其中 67% 的受访博主都把"面向公众"作为自己撰写博客的第二大动力。^②而贾诺（Jarreau）和波特（Porter）在 2017 年进行的研究显示,科学博客大多数的读者都从事着与科学相关的工作。^③

当然,在利用博客进行科普创作的过程中,科普创作人员也会利用当前新兴的一些技巧、语言等,比如加入一些俏皮的语言、插入图像和视频等的设计元素等。但是不同的博主仍然有自己的兴趣和方向,

---

① 网易科技报道. CNNIC2007 年中国博客市场调查报告（全文）[EB/OL] [2017-04-10]. http://tech.163.com/07/1226/14/40L785RR00092GSG.html.

② Mahrt, M, Puschmann, C. Science blogging: An exploratory study of motives, styles, and audience reactions. Journal of Science Communication, 2014，13（3）：A05.

③ Jarreau, P B, Porter, L. Science in the social media age: Profiles of scienceblog readers. Journalism & Mass Communication Quarterly，2017.

因而，科学博客不仅是创作和分享科普内容的平台，也成为博主们记录个人历程的重要载体，甚至有些博主会在长期撰写博文的基础上出版科普图书，从而实现新媒体科普创作向传统媒体出版的转化。

（二）微博中的科普创作

微博在 2016 年 12 月的每月活跃用户达到 3.13 亿。[①] 2017 年 12 月 6～8 日，由新浪微博主办的"2017V 影响力峰会"专门设立了以"科学从这里传播"为主题的科学科普影响力论坛，旨在建立一个供科普工作者交流学习的平台，在了解微博科学科普内容生态的同时，促进政府、学界、社会机构和科学传播工作者之间的相互了解。有关资料显示，微博科学科普内容生态在 2017 年得到进一步发展和完善，每天平均有 11 000 条科学科普内容的微博被创造出来，平均单月阅读量在 40 亿次左右。截至 2017 年第三季度，微博已经有月活跃用户 3.76 亿人，成为科学传播领域最重要的平台之一。

与博客不同的是，微博更为灵活，包括文字、图片、视频等各种形式，同时依托"大 V"的影响力进一步促进了原创科普内容的生产和传播。比如"最受欢迎科学科普场馆""十大科学大 V""权威科普机构"等。这些"大 V"生产了大量丰富有趣的科普内容，也改善了科普创作的生态。

（三）微信繁荣了科普创作

自微信公共账号推出以来，政府部门、科研院所、企业、协会组织和个人等不同性质的主体纷纷利用微信公众平台，面向本行业、面向公众进行科普工作和科学传播。由中国科学技术协会科普部、新华网和中国科普研究所每周联合发布的科普中国实时探针舆情周报也显示出，微信排在新闻类网站之后，成为第二重要的信息传播渠道。《2017

---

① 天极网. 微博 Q4 增值服务营收 2490 万月活跃用户 3.13 亿[EB/OL] [2017-04-10]. http://net.yesky.com/internet/109/108687109.shtml.

微信用户&生态研究报告》显示，截至 2016 年 12 月，新兴的公众号平台达到 1000 万个。同时，根据《2017 年微信数据报告》，公众号月活跃账号数达到 350 万个。

清华大学金兼斌教授对清博大数据平台上的科普类公众号进行了初步抓取，并在二次筛选和人工筛选的基础上对 783 个科普公众号进行了深入分析。以一般公众号的传播情况作为参照系，从公号的内容特点、内容消费特点、经营方式及这些因素之间可能的关系等角度进行了分析和描述，以全景式刻画科学传播微信公众号的具体情况、发展态势，并对之进行了评价，指出了存在的问题。[①]可以说，微信及其公共账号的出现，加速了科学内容传播的广度和速度，让公众更容易获取到科学相关的信息，但是同时也让一些不实信息传播的可能性加大，因而需要加强对微信上科普内容的创作和传播的研究。

（四）网络音视频及科普创作

网络音视频已经成为科学传播的一个重要载体，甚至有专家主张，"一屏胜千图"，这也凸显了视频在科学传播中的重要作用和意义。同时，还有学者对网络科学视频的关键要素进行研究和分析，包括叙述趋势、产品特征、科学的严谨性等。他们通过文献综述、内容分析、访谈和问卷调查等方式考察了如何保证网络科学视频的严谨性和质量。[②]

百度上"科普视频"关键词搜索反馈的网页多达 11 900 000 个。举例来说，"80 后"导航系统科学家徐颖在 SELF 格致论道讲坛上做的短短 18 分钟的演讲视频在互联网上月累计访问量超过 5000 万次。[③]中国科学技术大学科技传播与科技政策系特任副研究员梁琰主创的"美

---

① 金兼斌承担的北京科普发展中心委托课题"新媒体科学传播效果研究——以科普类微信公众号为例"。

② León，B，Bourk，M. Communicating Science and Technology Through Online Video: Researching a New Media Phenomenon. New York: Routledge，2018.

③ 黎文. 科普呼唤融合创作与传播[N]. 中国科学报，2018-03-30.

丽化学"视频多次获得国内外大奖。截至 2018 年 3 月底，科普中国品牌旗下的各种科学类视频总量达到 19.44TB，其中科普视频（动漫）14 615 个、全景拍摄基地数 1065 个，累计浏览量和传播量达 189.11 亿人次。

正如趣科普创始人罗雅丹所说的，"科学本身就充满有趣性，但是那些深奥科学原理只有用浅显易懂的趣味方式表现出来，才能让公众理解和受用。我们就是用趣味的形式解读科学，激发公众对科学的兴趣。"科普视频已经还将继续成为科普创作的重要形式和载体，而且有可能成为首要的科普创作及传播的形式。特别是新近以来，快手、抖音等应用获取了大量用户的关注，这应该是科普视频创作的一个好时机，因而我们应该思考如何让更多的科普内容呈现在类似的平台上，杜绝低俗、恶搞的视频内容，让科学融入公众的日常生活中。

（五）问答及科普创作

目前，新媒体平台上的问答也在一定程度上吸引着众多科学传播从业者和科学家，他们通过各种形式（主要是语音和文本）把自己的智力成果转化为用户可以使用的产品，实现了科普内容的再生产。

2016 年 4 月，问咖、值乎出现。5 月，知乎推出了实时付费问答产品"知乎 Live"。随后果壳推出了"分答"，并在后来的发布会上表示"分答"推出 40 多天内就吸引了千万个用户访问，付费用户达百万，后来又孵化出了"分答小讲"。12 月 15 日，微博效仿推出了"问答"。2016 年 4 月 7 日，头条问答开放给头条号作者；7 月 14 日，问答频道正式于今日头条 App 内上线；2017 年 6 月 26 号，"头条问答"正式升级为"悟空问答"。

当然目前最为活跃的应该是微博问答、知乎问答和悟空问答，这三个平台上有大量的科学传播者，他们回应着网友提出的各种有关科学方面的问题，为公众释疑解惑。同时也可以认为这些问题成为他们开展科普创作的一个主题或者话题。比如，悟空问答上有关"引力波"

的问题就不下几百个。而且这些平台上的签约答主和"大V"答主吸引了众多粉丝的关注，从而扩大了答主们创作的科普内容的传播效果。同时，问答平台上的相关内容也可以衍生出很好的产品，包括张双南老师的"分答小讲"，以及一些医学科普"大V"出版的科普图书等，这些都可以看作是问答平台对传统科普创作的一种反哺机制。

（六）直播及科普创作

直播是近两年非常火热的一种科普形式，它拉近了科学与公众的距离，也让科学家直面公众，让公众身临其境地体验科学，虽然从严格意义上来讲，直播不是传统形式上的科普创作，但这并非不是一种有益的尝试和探索。比如斗鱼直播、B站、花椒直播等平台上都有很多科普相关的内容。此外，光明网也专门开始了科普直播的平台。

2017年，光明网就开展了近百场科普直播，内容涵盖航空、航天、心理、营养、能源、物理、生物等学科领域。

2017年6月，光明网推出"国家重点实验室光明行"系列科普直播，用好听、好玩、好看的科普形式，带领网友"约会"全国各领域国家重点实验室，面对面感受"梦想家"身上的科学魔力。截至2017年8月3日，直播先后走进中国石油油气管道输送安全国家工程实验室、页岩油气富集机理与有效开发国家重点实验室、土壤植物机器系统技术国家重点实验室、国家涂料工程技术研究中心等国家重点实验室、北京交通大学轨道交通控制与安全国家重点实验室，5场直播活动历时500分钟，吸引了70余万人次观看。

直播的形式也得到了科学家的肯定和赞赏。金之钧院士对直播给予充分肯定，他表示自己是第一次参与网络直播，"没想到光明网用这么新颖的方式进行科普宣传，希望以后可以多参与"。中国科学院力学研究所研究员郭亮直播后兴奋地说，这种科普形式非常直观、有趣，以直播的形式做科普很新颖，很"嗨"！ 科普中国形象大使、中国科学院国家天文台副研究员郑永春在朋友圈里发了这样一条消息"今天状态很好，直播非常成功。我在光明网直播中秋赏月、天宫二号，吸引了五十多万人！"

三、新媒体情境下科普创作的特点

除了为科普作品的传播提供更多可用的平台和渠道之外，新媒体还在很大程度上重塑了科普创作的各个环节，因而也呈现出一些新的特点。

（一）科普创作人员突破了传统科普创作人员的范畴

新媒体时代的科普创作人员突破了传统科普创作人员的范畴。除专业的科普作家之外，很多科研人员也从实验室走到了聚光灯下，或亲自撰写文章，参与直播，或为科普创作提供信息等方面的咨询。这些科研人员成为科普创作的重要力量。同时，很多接受过科学训练但是并未从事科学研究的人也在新媒体平台上异常活跃，微信公共账号微博上活跃的一大批"大V"都隶属于这个群体，在人人皆媒的时代，他们把自身的专业知识与公众的兴趣结合起来，创作出了一批传播力很强的作品。比如"钟大厨在江湖""果壳网主笔 Steed""开水族馆的生物男""游识兽"等，同时他们并不局限于某一个特定的平台，而是在各种可能采用的平台上同时发声，这样有助于形成传播的矩阵和合力，最大化地传播科学。此外，还有一大批可能属于"玩票"性质的写手，他们并不在意自己是否从事着科普创作，而更多的是出于个人爱好，并且偶尔涉及了科学类的题材。所以在这种情况下，难以给科普创作群体画像，但是这也恰好体现了用户生产内容的流行趋势。同时知乎、悟空问答等平台上的科普内容更多地体现了为"题主"量身定做的模式，即"答主"根据"题主"的要求进行回答，"用户至上"成为首要原则，能够获得人们的关注和"点赞"取决于"题主"创作的答案的质量。直播形式可以算是一种即时创作的模式，因为参与者可以实时进行互动，屏幕内外的人共同推动内容的生产与传播。

（二）热点选题和话题启发了科普创作

网络时代给科普创作带来了众多的选题和话题，特别是那些爆款的科普文章和视频、漫画等在很大程度上都是热点与科学知识有效结合的结果。相较于传统媒体时代而言，新兴的主题和话题成为新媒体时代科普创作的一个重要基础，比如与天舟一号发射新闻同步推出3分钟科普微视频《天舟一号：太空补给排头兵》在发布首周的点击量就高达4748万人次，再比如，与量子通信卫星发射同步创作的科普视频《"墨子"发射：量子通信最强音》在发布首周浏览量达到3062万。可以说，这些现象级产品的出现都切合了当时的热点话题。

（三）创作周期短，时效强

新媒体时代科普创作更注重快速反应，所谓"天下武功，唯快不破"，在热点话题发生时，几乎瞬时间就会有含有科普内容的文章、音频或视频被生产出来，第一时间传播给公众。同时，轻量化也是新媒体时代科普创作的一个要求，因为在碎片化阅读的推动下，受众更易于接受短小精悍的内容，比如相较于文字而言，受众喜欢看图，而相较于图片而言，短视频则会更胜一筹，特别是几分钟之内甚至更短的视频比较受欢迎。此外，把科学性和趣味性结合起来，甚至是潜移默化地开展科普成为更为明显的趋势。说教式的科普内容已经不能适应公众的需求，各种新媒体平台上优质的科普内容都是那些结合了科学性与趣味性的。

（四）科普创作的形式多元

除传统的科普创作形式之外，新媒体情境下科普创作的形态愈加多元和丰富，比如，主要面向对科学有所了解的博客受众撰写的博文，与网民更强调互动的微博文章和音视频，相关机构和个人开设的科学类微信公共账号，针对特定话题和主题制作的科普视频和短片，结合特定活动开展的大型直播互动，以及以问答形式撰写的科普内容等。可以说，这既丰富了科普创作的形式，又拓宽了科普创作的渠道和模式，甚至在媒体融合的情境下出现了更多新兴的科普创作形式，将文字、图片、音频和视频结合起来，形成了融媒体创作的格局，也体现了"众创、众享"的趋势。比如，问答的模式更加体现了受众的主动性和参与性，提问者根据自己的需求来提出问题，并且希望答主就给定的题目进行回答。再比如，直播的形式有利于拉近公众与科学的距离，把科学呈现在公众面前，参与者可以更好地实时互动。

四、新媒体情境下科普创作面临的挑战

如前所述，各种新媒体和社交媒体平台只是为科普创作主体和内容等提供了更多的渠道和出口，如何充分利用现有的以及未来可能出现的渠道和出口做好科普创作仍然是重要的问题。当然，在新媒体情境下的科普创作仍然面临着一系列的挑战。

（一）需要创作者与受众良好互动

科学传播，包括科普创作，是一个双向互动的过程，这就要求创作者与受众或用户进行良好的互动。从受众的需求中获取创作的灵感和线索，同时将科学内容传达给受众，从而增加他们的科学知识、科学方法、科学态度、科学精神等。但是就目前而言，科普创作仍然落后于媒体技术的发展，并未充分利用各种平台，而仍然拘泥于传统的形式。比如近一两年出现的抖音、快手等视频类应用上很少或者说几乎没有科普类的相关内容。

（二）创作者的多元化所带来的问题

新媒体时代是一个创作主体多元化的时代，不只是传播者生产内容，用户生产内容已经成为重要的趋势，也就是说，很多科普内容的创作正在从专业生产内容（PGC）向用户生产内容（UCG）过渡。也

正是在这个过程中，传统上是科普内容消费者的人成为科普内容的生产者和创作者，甚至出现了很多新兴的科普"大V"和IP，但是这些新兴的创作者是否具备一定的素养，能否把握所生产内容的科学性成为一个重要的议题。甚至很多不是生产科普内容的人"跨界"到科普创作领域，有可能会生产出不科学、非科学甚至是伪科学的内容，这不仅不利于科普创作生态的建设，还有可能会让科普创作和科学传播效果大打折扣。

（三）新媒体科普创作理论研究滞后

科普创作及更广泛意义上的科学传播应该是一个理论与实践相结合的领域，需要通过理论指导实践，通过实践丰富理论，从而实现理论与实践的良性循环。但是目前有关科普创作的理论研究还有待加强，特别是如何利用各种新媒体平台和社交媒体平台繁荣科普创作，从媒体技术的演变和迭代中考察科普创作的规律、特征等，都是值得关注的议题。

综上，本文通过各种新媒体平台和社交媒体平台的分析考察了科普创作所面临的机遇和挑战，从传播技术上来说，新兴的技术推动了媒介平台的迭代更新，而这些新兴的媒介平台又成为科普内容创作和传播的重要渠道。因而有必要对科普创作进行全景式的考察，特别是如何利用新兴的媒介平台繁荣科普创作，推动更多IP的出现，在全社会形成有利于科普创作的氛围，推动科学融入社会，融入大众文化之中，进而为创新型国家的建设奠定科学基础。

科研人员参与科普创作调研报告①

李红林

一、研究背景与意义

近年来，我国的科普工作被历史性地提升到了与科技创新同等重要的战略高度，科普创作作为科普工作最重要的基础和源头，也被提上重要议事日程。

2016 年 5 月，习近平总书记在全国科技创新大会、中国科学院第十八次院士大会和中国工程院第十三次院士大会、中国科学技术协会第九次全国代表大会上的重要讲话中指出，"科技创新、科学普及是实现创新发展的两翼，要把科学普及放在与科技创新同等重要的位置"②。2016 年 7 月，国务院发布《"十三五"国家科技创新规划》，提出，要全面提升公民科学素质……提升科普创作能力……加强优秀科普作品

作者简介：李红林，中国科普研究所副研究员，主要研究方向为科普创作、科普理论与政策、公民科学素质等。著有《科学文化与西方工业化》（合译）、《科学传播普及问题研究》（合著）及编著 10 多本。在国内外学术期刊、报纸等发表文章 40 余篇。

① 本调研获得中国科学技术协会办公厅九大代表 2017 年调研课题专项资助。

② 习近平. 为建设世界科技强国而奋斗——在全国科技创新大会、两院院士大会、中国科协第九次全国代表大会上的讲话（2016 年 5 月 30 日）[Z]. 北京：人民出版社，2016.

的创作……鼓励和引导科研机构、科普机构、企业等提高科普产品研发能力，推动科技创新成果向科普产品转化[①]。2016 年 3 月国务院办公厅印发《全民科学素质行动计划纲要实施方案（2016—2020 年）》，明确提出要"**繁荣科普创作，支持优秀科普原创作品以及科技成果普及、健康生活等重大选题，支持科普创作人才培养和科普文艺创作**"[②]。中国科协"十三五"规划和《中国科协科普发展规划（2016—2020 年）》将"**实施科普创作繁荣工程**"作为重点工程，提出要加大科普创作的支持力度，支持科研人员开展科普创作、科普创作人才培养、青年重大科普创作和科普文艺作品创作等。[③]

　　要实现科技创新与科学普及的均衡发展，人才的均衡是一个方面，尤其是作为科技创新核心力量的研发人员和作为科学普及重要源头的科普创作人员的适当均衡。

　　但是，当前我国科技创新人力资源与科学普及人力资源却严重失衡。据统计，2015 年，我国科技人力资源数量继续增加，总量达到 7915 万人，其中，作为科技创新核心力量的研究与试验发展人员（R&D 人员）总数为 548.3 万人[④]，并且高学历研发人员的比重全面提升。与我国科技人力资源相比，我国的科学普及人力资源尤其是科普创作人力资源则是捉襟见肘。据统计，2015 年，我国有科普人员 205.38 万人，其中专职人员 22.15 万人，兼职人员 183.23 万人。其中，作为科学普及重要源头的科普创作专职人员仅为 1.33 万人[⑤]，仅占我国专职科普

---

① 中华人民共和国科学技术部. 国务院关于印发"十三五"国家科技创新规划的通知[EB/OL] [2018- 01-11] . http://www.most.gov.cn/mostinfo/xinxifenlei/gjkjgh/201608/t20160810_127174.htm.

② 中华人民共和国中央人民政府. 国务院办公厅关于印发全民科学素质行动计划纲要实施方案（2016—2020 年）的通知[EB/OL] [2018-01-11]. http://www.gov.cn/zhengce/content/2016-03/14/content_5053247.htm.

③ 中国科学技术协会. 中国科协关于印发《中国科协科普发展规划（2016—2020 年）》的通知[EB/OL] [2016-03-18]. http://www.cast.org.cn/n200556/n200930/n200960/c359666/content.html.

④ 中华人民共和国科学技术部. 2015 年我国科技人力资源发展状况分析 [EB/OL] [2018-01-11]. http://www.most.gov.cn/kjtj/201706/P020170628506396562537.pdf.

⑤ 中华人民共和国科学技术部. 中国科普统计 2016 年版[M]. 北京：科学技术文献出版社，2016：1-30.

人员数量的 6%，占我国科普人员总数的比例更是少至 6‰。

　　单就科普创作人力资源本身来看，也严重失衡。调查显示，科普创作人员主要集中于上海市、北京市、江苏省、山东省、湖北省、湖南省、广东省和河南省，2015 年这 8 个省市的科普创作人员占全国科普创作人员总数的 51.66%。从部门分布来看，专职科普创作人员主要分布于科协、教育、科技管理、农业和广电部门，其他部门和领域人员参与积极性不高。从年龄结构来看，专职科普创作人员年龄老化，青年创作人员不足。以中国科普作家协会会员为例，60 岁以上会员占全体会员总数的 55.2%，作为创作高峰年龄（30～49 岁）的会员比例仅为 22%。①

　　科学普及的快速、健康可持续发展有赖于科普创作的繁荣。其中一个核心要素就是科普创作人才队伍的建设。从科学传播的逻辑脉络来看，科研人员应该是科学普及的源头和"发球手"，他们在科学研究一线，对本领域科学前沿有着最直接且清晰的认识理解，对本领域的知识也掌握得最为系统扎实，调动我国广大的科研人员投入科普创作，将科技创新成果转化为科普产品，惠及广大公众，做强"科学普及"一翼，使其能与"科技创新"并驾齐飞，是当前我国实现创新发展的刚性需求，也是科学普及事业亟待探讨解决的一个关键问题。

　　以上述统计数据为基础做一个简单的测算：如果调动 1% 的研发人员作为兼职科普人员投入科普事业，我国的兼职科普人员数量能增加将近 3%；如果调动 1‰ 的研发人员成为科普创作专职人员，我国的科普创作专职人员比例能增加近 30%。动员较少部分的科研人员投入科普创作，就能为科普创作与科学普及事业提供很大的人力资源增量。可见，让科研人员，尤其是对科普创作感兴趣的科研人员投入科普创作，是大可为之且大有可为的事情。

---

　　① 尹霖，陈玲. 繁荣科普原创作品的思考[J]. 科普创作，2017（2）：29-31.

本文即围绕科研人员从事科普创作的现状、面临的问题及开展科普创作的实际需求等开展问卷调查和重点访谈，并提出激励科研人员积极参与科普创作的意见和建议，期望能促使更多的科研人员加入科普创作队伍，为实现科学普及与科技创新平衡发展、助力创新型国家建设贡献力量。

二、研究方法及内容

本文的主要研究方法为问卷调查和重点访谈，并辅之以文献调研。调研的主要内容包括以下几个方面。

（一）问卷调查：科研人员从事科普创作的现状、困难及需求

采取结构化问卷，依托问卷星平台，面向全国科研人员开展从事科普创作的现状、困难及需求的问卷调查。问卷调查时间为 2017 年 8 月 14 日至 10 月 19 日，共回收有效问卷 569 份。

从调查对象的基本情况来看，被调查者的男女比例约为 57∶43，性别分布比较均衡（图 1）。在年龄分布上，以 31～40 岁年龄段的科研人员为主，其次为 21～30 岁和 41～50 岁年龄段，三个群体合计比例达到 90%以上（图 2），这三个年龄段的科研人员正是我国科技领域的中坚力量和后备群体。从调查对象所在机构分布来看，33.39%在科研院所，34.97%在高校，两者合计达到 67%以上（图 3）。从职业分布来看，52.9%为科学研究人员，16.7%为工程/农业/卫生技术人员，11.95%为教学人员，三者合计比例达到 80%以上（图 4）。从调查对象的职称分布来看，副高、正高、工程师、学生群体分布较多且相对均衡（图 5）。从调查对象的工作/研究领域来看，生命科学、工程与材料科学、医学科学和地球科学所占比例较高（图 6）。综合来看，本次调查的对象群体能较好地实现以科研人员、进一步地以科学家和工程师为主要调查对象的目标，针对他们的调查能较好地反映我国当前科研人员

对于科普创作的认知、态度和意见建议，反映我国科研人员参与科普创作的现状、问题及需求。

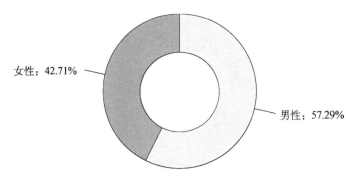

图 1　调查对象的性别分布

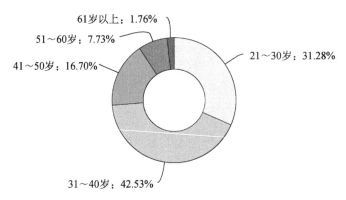

图 2　调查对象的年龄分布

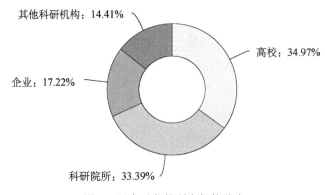

图 3　调查对象的所在机构分布

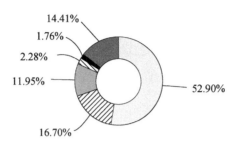

14.41%
1.76%
2.28%
11.95%
16.70%
52.90%

□ 科学研究人员（含自然科学研究、社会科学研究及实验技术人员）
▨ 工程/农业/卫生技术人员
▨ 教学人员（含高等院校、中等专业学校、技工学校、中学、小学）
▨ 艺术专业人员（广播电视、体育、艺术、工艺美术等）　■ 经济/会计/审计/统计专业人员
▨ 其他

图 4　调查对象的职业分布

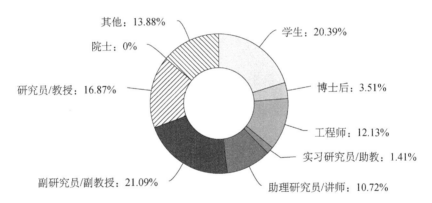

其他：13.88%
院士：0%
研究员/教授：16.87%
副研究员/副教授：21.09%
学生：20.39%
博士后：3.51%
工程师：12.13%
实习研究员/助教：1.41%
助理研究员/讲师：10.72%

图 5　调查对象的职称分布

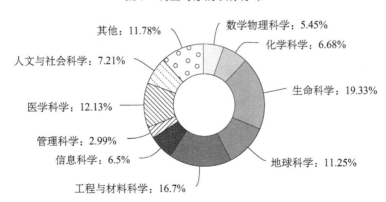

其他：11.78%
人文与社会科学：7.21%
医学科学：12.13%
管理科学：2.99%
信息科学：6.5%
工程与材料科学：16.7%
数学物理科学：5.45%
化学科学：6.68%
生命科学：19.33%
地球科学：11.25%

图 6　调查对象的研究领域分布

（二）重点访谈：科学家从事科普创作的状况、经验及建议

选取在科学研究领域和科普创作领域均有建树的典型科学家进行重点访谈，调研他们在实际的科研和科普创作过程中的经验、遇到的困难和问题，以及对于促进科研人员参与科普创作的意见和建议。

访谈对象以 2015 年、2016 年中国科学技术协会评选的十大科学传播人物为主，并选取在科普领域比较活跃的科学家，他们在本领域的科学研究和科普创作方面都有突出成就，包括欧阳自远、刘嘉麒、金涌、周忠和、李淼、缪中荣、马冠生、范志红、郑永春、王原、卞毓麟等，共形成了访谈记录十多份，近 5 万字。本文中提及的科学家观点等均来自访谈，文中不再另作特殊说明。

三、研究结论与建议

（一）现状评估：科研人员对参与科普创作的认知、态度和行为

1. 科研人员普遍认为有必要参与科普创作

我国科研人员对科普创作的了解程度一般。但是，他们普遍认为，科研人员很有必要参与科普创作，科研人员是最应该被鼓励和发展来进行科普创作的人群，科研人员参与科普创作最重要的意义在于保证科普作品的准确性和前瞻性。

就调查问卷来看，我国大部分科研人员对于科普创作"一般了解"，其次是"比较了解"，"非常了解"的人群比例较低，占 10%左右，"不太了解"和"不了解"的比例达到 15%以上（图 7）。

对于科研人员是否有必要参与科普创作，55.18%的调查对象认为非常有必要，33%的调查对象认为比较有必要，两者合计比例达到 88%以上。认为不必要和不太必要的比例仅为 1.41%（图 8）。

而在最应该鼓励和发展哪类人员参与科普创作的调查问项中，近 70%的调查对象认为应该是科研人员，其次才是职业科普作家，但比例也明显较低，为 18.1%（图 9）。

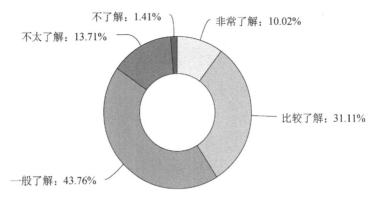

图 7　科研人员对科普创作的了解情况

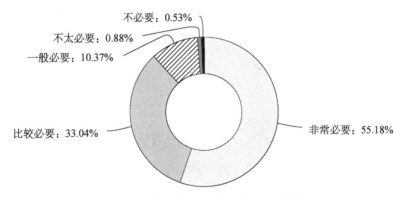

图 8　科研人员是否有必要参与科普创作

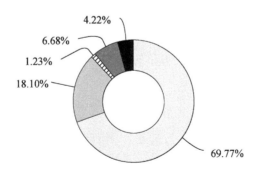

□ 科研人员　■ 职业科普作家　▨ 作家（自由撰稿人）
▦ 媒体从业人员（科技记者编辑等）　■ 其他

图 9　最应该鼓励和发展哪类人员参与科普创作

关于科研人员参与科普创作最重要的意义，84.36%的调查对象认为，在于保证科普作品的准确性和前瞻性，9.49%的调查对象认为在于保证科普作品的原创性，仅有 0.88%的调查对象认为与其他科普创作者相比，科研人员参与科普创作没有什么意义（图10）。

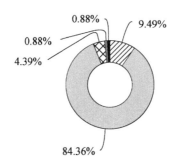

图10　科研人员参与科普创作最重要的意义

能保证科普作品的原创性　　　能保证科普作品的准确性和前瞻性
能提升科普作家队伍水平
与其他科普创作者相比，科研人员参与科普创作没有什么意义
其他

调查问卷的结果与针对科学家的重点访谈结果呈现一致性。

汤钊猷院士指出，科普创作一定要由一流的科学家或是鼓励一流的专家（或者至少能认识到一流的科学进展的人）来做，因为他自己能充分认识到自己所从事的科学研究领域最前沿的内容，这样才会写得生动深入。刘嘉麒院士在谈到自己搞科普创作的经历时提出，科研人员搞科普创作相当于自产自销，是顺理成章的事情，正是有丰富的科研经验和积累，才有科普的资本和条件，科研是科普的基础和前提，科普是科研的自然延续和拓展。郑永春研究员指出，自己从事科普很重要的一方面是得益于自己作为科学家的身份，科学家具有作为科普源头的优势。朱定真研究员提出，做科普，科学家是最合适的，应该鼓励科研人员做科普，掌握科学的人占领了科普的高地，才能让谣言、伪科学无处立身。王原研究员对此也深表赞同，他认为只有科学家站出来做科普了，这个阵地才不会被非科学或伪科学的东西占领。

著名科普作家、天文学家出身的卞毓麟先生近年来一直在呼吁

"元科普"。他认为，"元科普"特指带有根本性的、第一性的原创科普作品，元科普作品是工作在科研领域第一线的领军人物（团队）生产的一类科普作品，这类作品是对本领域科学前沿的清晰阐释，对知识由来的系统梳理，对该领域未来发展的理性展望，以及科学家亲身沉浸其中的独特感悟。"元科普"既为其他形形色色的科普作品提供坚实的依据——包括可靠的素材和令人信服的说理，又真实地传递了探索和原始创新过程中深深蕴含的科学精神。可以说，元科普乃是往下开展层层科普的源头，能为更广泛的次级传播提供不可替代的扎实科学基础。卞先生还以爱因斯坦和利奥彼得·英菲尔德的《物理学的进化》和沃森的《双螺旋——发现 DNA 结构的个人经历》等作为元科普创作的典范。他提出，近年来国内外重大科技成果迭出，这正意味着对元科普作品的强烈诉求，一线的领军科学家能够用于科普的宝贵时间和精力，应当更多地倾注于其他人难以替代的元科普创作之中[①]。

2. 科研人员实际参与科普创作的比例不高

我国科研人员有着极大的热情参与科普创作，但是，实际参与科普创作的比例并不高。在参与科普创作的人群中，他们投入的时间和精力也不太稳定，一些在科研和科普领域都比较知名的专家投入的时间和精力相对较多且稳定。

从问卷调查来看，在参与科普创作的意愿方面，大部分科研人员是愿意参与的。回答非常愿意的比例达到 52.20%，比较愿意的比例为 34.27%，不愿意的比例为 0（图11）。可见，科研人员对于参与科普创作是存在极大热情的。

---

① 根据与卞毓麟先生的访谈、他在 2017 年 12 月中国科普作家协会年会上的报告《老兵新识——关于原创科普的再思考》及他发表在《科普创作》（2017 年第 2 期）上的文章《期待我国的"元科普"力作》整理而成。

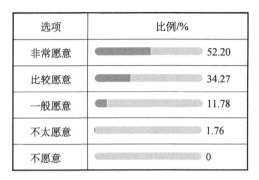

选项	比例/%
非常愿意	52.20
比较愿意	34.27
一般愿意	11.78
不太愿意	1.76
不愿意	0

图 11　参与科普创作的意愿

但是，从科研人员参与科普创作的现状来看并不乐观。半数以上的调查对象并没有创作过科普作品（图 12），而就他们身边的同事参与科普创作的情况来看，得到的反应也是参与不多（图 13）。

选项	比例/%
有	41.12
没有	58.88

图 12　是否创作过科普作品

选项	比例/%
很多	3.34
比较多	12.83
不多	65.73
没有	11.78
不清楚	6.33

图 13　您身边的同事参与科普创作的情况如何

对从事过科普创作的科研人员的调查发现，最近一年时间他们投入科普创作的时间并不固定，100 小时以上、1～12 小时和 25～48 小时的比例均在 23% 左右。49～100 小时和 13～24 小时的比例也不低，在 15% 左右（图 14）。

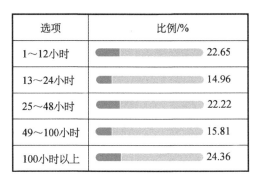

选项	比例/%
1~12小时	22.65
13~24小时	14.96
25~48小时	22.22
49~100小时	15.81
100小时以上	24.36

图 14　最近一年参与科普创作投入的时间

而就访谈在科普领域比较知名的科学家来说，他们投入科普和科普创作的时间相对较多且稳定。欧阳自远院士提到，他每年在科普上投入的时间大约为 2 个月，以科普讲座较多，其次是科普文章和科普图书的创作。刘嘉麒院士每年投入科普的时间大约占工作时间的 20%，也以科普讲座较多，其次是写科普文章、专著等。范志红博士每年投入科普的时间大约占工作时间的 40%，并且尽量与本职工作相结合，依托微博和微信自媒体平台撰写科普文章。郑永春研究员表示，自己每年大约有一半的时间投入在科普方面。李淼教授每年投入科普工作中的时间大概有 50%，且以科普写作为主。

3. 科研人员进行科普创作的形式偏传统

科研人员进行科普创作，以传统的科普文章、科普图书撰写出版为主要形式，科普展教品创作与设计也有所体现。其他诸如科普评论、科普视频和绘画等形式的比例较低。

问卷调查发现，就进行过科普创作的科研人员来看，他们参与科普创作的主要形式为撰写科普文章、出版科普图书及科普展教品创作与设计。其他依次为科普评论、科普视频和科普绘画。科普影视作品、科幻小说、科普剧、科学小品等形式所占比重较少（图 15）。

而就重点访谈来看，在科普领域较有影响力的诸位科学家采取的科普形式，也是以科普文章、科普图书撰写出版为主。另一种重要形式就是科普讲座，在他们看来，科普讲座中也蕴含着科普创作，如何让讲座能够科学严谨，又生动有趣，吸引观众，都是对科学知识进行科普创作的过程。

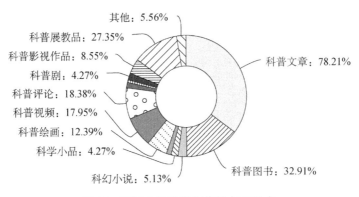

图 15　科研人员科普创作的主要形式

4. 科研人员发表科普作品的渠道传统与创新并存

科研人员发表科普作品的渠道表现为两个：一个是以报纸、期刊等为主的传统载体，另一个是微博、微信等自媒体平台。

问卷调查发现，就进行过科普创作的科研人员来看，他们发表科普作品的主要渠道一是在报纸、期刊（比例为 45.75%），另一个是在微信、微博等自媒体平台（比例为 45.3%）。其他渠道依次为科普图书出版物和科学网等公共平台。科普场馆平台和电视台等渠道所占比例较低（图 16）。

针对科学家的重点访谈也呈现类似的趋势，传统的报纸、期刊是主渠道之一，微博、微信等自媒体平台越来越成为主渠道，而整体来看则越来越呈现多样化的趋势。譬如，欧阳自远院士和刘嘉麒院士表示，他们的科普作品多是在各类报纸、期刊、媒体上的发表文章，以及在机关、学校、媒体等做科普报告。而范志红博士、李淼教授则更依赖微博、微信和博客等自媒体平台进行科普创作。缪中荣教授、马冠生教授等均同时依托传统媒体和自媒体进行科普创作和传播。郑永春研究员表示，他的科普工作平台和阵地非常多样化，线上、线下，报纸、期刊、网络、电视等均有涉及。

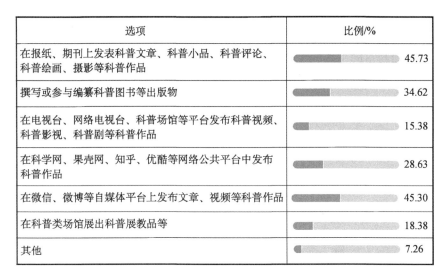

选项	比例/%
在报纸、期刊上发表科普文章、科普小品、科普评论、科普绘画、摄影等科普作品	45.73
撰写或参与编纂科普图书等出版物	34.62
在电视台、网络电视台、科普场馆等平台发布科普视频、科普影视、科普剧等科普作品	15.38
在科学网、果壳网、知乎、优酷等网络公共平台中发布科普作品	28.63
在微信、微博等自媒体平台上发布文章、视频等科普作品	45.30
在科普类场馆展出科普展教品等	18.38
其他	7.26

图 16　发表科普作品的主要渠道

相比之下，我国科研人员发布科普作品的渠道有了较大变化。2008 年的一项调查显示，科研人员发表科普作品的主渠道为报纸和期刊，比例高达 60%以上，图书编撰为第二渠道，比例约为 47%，而网络等平台比例仅为 20%左右。[①]这与近年来我国媒体形式的飞速发展密不可分。信息技术的发展、新媒体的涌现使得人们的生活方式和信息传播交流方式发生了根本性变化，科普也走上了信息化发展的快车。正如李源潮在第十八届中国科学技术协会年会开幕式上提到的，"我们已进入社会信息化、信息网络化、网络移动化时代，并正在向互联网智能化方向发展。科普搭不上网络快车，就跟不上群众科普需求。"微博、微信等自媒体作为科普作品发布平台正是适应科普的这种新变化和新需求的反应。

5. 兴趣和社会责任是我国科研人员参与科普创作的两大核心动因

问卷调查发现，对于从事过科普创作的科研人员来说，参与科普创作的动因主要有两个，一个是对科普创作感兴趣（比例达到 36.32%），

① 郭慧，詹正茂. 科学家参与科普创作现状调查和分析//中国科普研究所. 中国科普理论与实践探索——2008《全民科学素质行动计划纲要》论坛暨第十五届全国科普理论研讨会文集[M]. 北京：科学普及出版社，2008：189-196.

另一个是认为科普创作是科研人员应尽的社会职责（比例为 28.21%）。其次为与本职工作相关，在本职工作范围内（比例为 20.94%）（图 17）。可见，兴趣是科研人员参与科普创作的最大动力，而社会责任感则是另一个重要动力。

选项	比例/%
对科普创作感兴趣	36.32
报纸、期刊、网站、出版社等媒体约稿	10.26
与本职工作有关，在本职工作范围内	20.94
宣传自己的科研成果，提高社会知名度及影响力	3.85
出于参与科普的社会责任感，科普创作是科研人员应尽的社会职责	28.21
其他	0.43

图 17 参与科普创作的主要动因

针对科学家的重点访谈与调查问卷的结果也呈现一致性。周忠和院士提到，兴趣比行政动员更利于推动科普创作。金涌院士在谈到自己做科普的动力时就说，一个是兴趣，另一个是责任。欧阳自远院士在访谈时专门提出来，科普创作是科学家的科学责任，科学家的一个不可推卸的责任和义务是传播科学，让更多的公众理解科学，帮助改变他们的未来和生活，这是科学家的责任。刘嘉麒院士也一直秉承"科普是科学家的天职"的理念，"天职就是你必须得做，没有讨价还价的事。科学工作者也好，科学家也好，从事科普工作是义不容辞的责任。科研的最终目的，就是要回报社会，为人类谋福祉，这才是科研的真谛。你做的工作要对社会有用，而且还要让更多人了解你做的工作"。

（二）问题分析：科研人员参与科普创作的主要障碍

就问卷调查来看，科研人员参与科普创作的主要障碍居首位的是"时间精力有限，进行科普创作影响到了本职工作"；其次是"科普创作成果不纳入本职工作的考评范围，激励性不够"；第三是"政府对科普创作的奖励力度不够"，这一调查结果与 2008 年的调查得到的结果基本一致。①

另外，"科普创作经济回报不高""科普创作需要用通俗的语言向公众阐释科学，对语言的驾驭能力要求太高，无法胜任""工作单位不太支持，没有任务要求"也是影响科研人员参与科普创作的重要障碍（图 18）。

题目/选项	完全不符合/%	不太符合/%	比较符合/%	完全符合/%	说不清/%
科普创作不是科研人员的职责	22.32	32.34	23.02	9.67	12.65
对科普创作不感兴趣	37.61	36.56	14.41	1.93	9.49
科普创作需要用通俗的语言向公众阐释科学，对语言的驾驭能力要求太高，无法胜任	14.76	30.4	38.84	11.95	4.04
时间精力有限，进行科普创作会影响到本职工作	7.38	15.82	42.71	29.88	4.22
科普创作成果不列入本职工作的考评范围，激励性不够	9.67	15.82	36.38	32.16	5.98
科研同行对科普存有偏见，认为是科普创作不务正业，或者科研能力不够才进行科普创作	16.17	28.82	29.70	15.47	9.84
工作单位不太支持，没有任务要求	14.06	18.63	36.56	24.25	6.50
所在的研究领域不适合进行科普创作	29.53	36.73	19.68	7.03	7.03
科普创作经济回报不高	11.25	21.62	39.19	19.33	8.61
政府对科普创作的奖励力度不够	8.79	14.94	37.96	28.82	9.49

图 18　参与科普创作的主要障碍

就重点访谈来看，除上述障碍外，科学家们还专门提到了两个方面的问题。

首先，是我国目前科普相关的政策法规在操作层面的落实问题，包括：关于科研与科普相结合的规定重复且流于表面，各项政策之间缺乏纵深的配套支持，尤其是在人才队伍建设、经费保证、评价机制

---

① 郭慧，詹正茂. 科学家参与科普创作现状调查和分析//中国科普研究所. 中国科普理论与实践探索——2008《全民科学素质行动计划纲要》论坛暨第十五届全国科普理论研讨会文集[M]. 北京：科学普及出版社，2008：179-186.

等方面缺乏配套细则；政策内容多以号召、鼓励的形式出现，缺少刚性约束，对政策执行缺少监督和效果评估。

其次，是在全社会存在的关于科学传播的文化缺失和认知偏差问题，包括：在科学共同体、媒体及公众层面，还未能形成科普与科研同等重要的集体认同，未形成对于科学家多元化发展的尊重与认可，科学家做科普经常会被看作是"不务正业"或科研能力不足而为之的行为，这种认知的偏差不利于形成科研人员开展科普创作的宽松氛围；并且，在科学传播与普及中，还未能形成以科学精神为核心的科学传播文化，当前的科学传播与普及仍较多地以科学知识为核心。

（三）对策建议：关于促进科研人员参与科普创作的意见与建议

1. 加强科普创作激励机制建设，促进科研人员逐渐从自发到自觉地开展科普与科普创作

一是设立各级科普创作基金，重点支持优秀科普原创作品，支持重大科技成果普及选题的创作，加大对科普创作的扶持和孵化力度；二是提高科普创作的报酬，充分考虑青年科研人员从事科普创作的经济收益问题，从这一方面引导和激励青年科研人员从事科普创作；三是加大政府对科普创作的奖励力度，在国家科技项目、人才奖励中留有一定比例奖励科普创作者，加大已有的科普创作相关奖励的力度；四是将科普创作纳入科研人员的本职工作范畴，将其作为业务考核的标准之一，从根本上解决科研人员从事科普及科普创作动力不足的问题。

在调查问卷中，45.69%的调查对象认为，为了促进更多的科研人员参与科普创作，最重要的支撑是加强激励机制的建设（图19）。而具体到加强激励机制的方面，设立科普创作基金、提高科普创作的稿酬、加大政府对科普创作的奖励力度将科普创作纳入绩效考核都被看作是非常重要的方面（图20）。

选项	小计	比例/%
加强政策环境建设	192	33.74
加强激励机制建设	260	45.69
提供科普创作培训	109	19.16
其他	8	1.41

图 19　促进更多科研人员参与科普创作，最应该加强的支撑

选项	平均综合得分
设立科普创作基金	3.38
提高科普创作的稿酬	3.3
增加科普创作奖项及奖励力度	3.18
将科普创作纳入绩效考核	3.11
其他	0.12

图 20　在加强激励机制建设方面，哪些更重要

金涌院士、范志红博士、朱定真研究员等都在访谈中提出，可以设立（国家级别、部委级别的）科普创作奖项，以此来激励更多的年轻科研人员从事科普创作。缪中荣教授提出，需要从决策层面建立一个机制，激励科研人员，尤其是年轻的科研人员做科普，那就是把科普纳入竞争机制中，将其作为业务考核的标准之一，充分调动他们的积极性。从这个角度来说，也解决了很多科研人员提出来的"科普创作影响本职工作"或"不纳入本职工作的考评范围"的问题，从源头上解决了科研人员做课题的动因问题。

2. 在全社会营造适应科研人员开展科普与科普创作的环境，让科研人员乐于搞科普与科普创作、热心搞科普与科普创作、安心搞科普与科普创作

一是加强全社会范围内的文化环境建设，包括面向科学家群体、面向媒体、面向公众，积极倡导科普与科研同等重要以及以科学精神为核心的科学传播文化，形成倡导和尊重科学家多元化发展的社会氛围，让全社会都能认识到，在科学前沿努力探索的科学家是优秀的科研人员，积极走向社会面向公众开展科学普及、促进科研成果科普化、

帮助公众提升科学素养的科学家也是优秀的科研人员，从而形成科研人员开展科普创作的一种宽容自由的环境。并且，在科普创作过程中积极倡导一种去除浮躁、潜心创作、打磨精品的理念。正如刘嘉麒院士提到的，"我们现在创作出的东西不少，但好的东西不多，科普创作需要在'质'上提高，出一些真正好的作品，因此需要科普创作者们静下心、下功夫、花时间、好好创作。"

二是加强政策环境的建设及政策落实，包括：在科普相关政策中明确科研经费用于科普的比例，并将其落实到项目经费申请、执行和验收各个环节；建设科研机构科普工作报告制度，从机构建设角度保障科研人员从事科普与科普创作的积极性和主动性；将科普创作成果纳入评价体系并形成操作性方案，实质性地激励科研人员投身科普及科普创作。

三是完善科研人员参与科普的职业发展环境建设，逐渐建设科研人员进行科普与科普创作的职业发展体系。如范志红博士提出，可以建设一个科普能力的评定机制，让年轻人在科普方面的付出能得到足够的认可，包括为科普人员提供正规的职称晋升途径；郑永春研究员提出，可以参照科研体系，大力加强科普的项目经费资助体系、人才引进培养体系、荣誉奖励体系、职称评价体系等，将这些好的经验借鉴并引入科普体系建设之中，形成科研人员开展科普及科普创作的良好的职业发展环境。

3. 加强科研人员科普创作服务平台建设，为科研人员开展科普创作提供便利，帮助提升科研人员科普创作能力，进而不断促进科研人员进入科普创作队伍

一是加强科研机构与科普创作机构的资源整合，建设科研人员科普创作服务平台，为科研人员提供与科普创作者、出版者、媒体乃至相关企业和人员沟通与对接的畅通渠道，促进科研成果的科普化，乃至进一步实现科普成果的商业转化。当前，公众对于科普作品的多元化需求越来越显著，传统的以科普文章、科普书籍为主的科普创作形

式已经不能满足公众的需求，因此非常有必要促进科研人员与创作者或出版机构等的密切合作，创作出公众喜闻乐见的科普作品，科普视频、电影、动漫和游戏等各类科普创作形式都应该不断涌现。这些作品的创作，可能需要科研人员、创作人员或团队、技术人员等通力合作才能更好地完成，因此建设一个这样的服务对接平台，让科研人员能够找到相匹配的合作方，是促进科研人员开展科普创作的一种很好的方式。在调查问卷中，有**38.84%**的调查对象认为"加强社会资源整合，建设科研人员科普创作服务平台"是促进科研人员参与科普创作最重要的环境建设方面。

二是开展面向科研人员的科普创作相关培训，帮助提升科研人员的科普创作能力和科学传播能力。依托科普创作服务平台，将科普创作培训作为科研人员职业技能培训的一部分向科研人员广泛开展，帮助提高科研人员的创作技能，培养科研人员借用媒体发声、传播科学知识、弘扬科学思想和科学精神的意识和能力。除了科普创作方法、技巧外，新时代背景下科普创作的新特点、不同科普作品受众的特点及其需求等都是科研人员（甚至是科普创作人员）在开展科普创作的过程中需要不断学习和强化的方面（图 21）。当前很受公众喜爱的科普作品《美丽化学》《李哲教你学解剖》等，都充分运用到了增强现实（AR）、虚拟现实（VR）、混合现实（MR）等技术手段，这些新形式的科普创作能让公众一目了然、耳目一新地掌握知识、理解科学。

选项	平均综合得分
关于科普创作方法、创作技巧等的培训	3.87
关于科普作品受众特点及需求等的培训	3.69
关于科普作品发布渠道的选择及使用指南等的培训	2.9
关于科研与科普、科研与科普创作的关系及意义等的培训	2.56
其他	0.09

图 21 在提供科普创作培训方面，哪些更有必要

三是构建在科普创作领域有兴趣和成就的老科学家与有志于科普创作的中青年科研人员的互动交流机制，依托科普创作服务平台，积

极引导推动老科学家更多地参与科普创作，同时充分发挥老科学家的引领示范效应，带动更多科研人员投入科普创作，并且加强科研人员科普创作的经验分享交流，大力扶持中青年科研科普创作人才成长，促进科研科普创作人才的可持续发展。

课题调研发现，欧阳自远、刘嘉麒、金涌、周忠和、林群等多位院士科学家在科普与科普创作方面起到了很好的引领示范效应，他们开展科普与科普创作的经历影响着很多年轻一辈的科学家投入科普与科普创作。与此同时，老科学家和院士们在科研领域积累了丰富的学识与经验，科研任务相对年轻科研人员要轻，有更多的精力和时间，具备了科普创作的最佳条件，并且，院士和老科学家们可能具有更大的社会影响力，引导和推动他们多参与科普创作是一条很好的路径。周忠和院士曾坦言，希望自己在 60 岁以后科研任务没那么重的时候专心做科普，搞科普创作。此外，科研及科普创作机构应密切关注并重点支持一批已经在科普一线崭露头角的中青年科研人员中坚力量，为他们进一步提供舞台和机会，促进中青年科普带头人尽快成长。

附录 中国科普创作大事记（2016～2017年）

中国科普作家协会以团体会员身份加入中国作家协会①

2016 年 9 月 27 日，中国作家协会在北京召开第八届主席团第十次会议，会议审议批准中国科普作家协会为中国作家协会团体会员。

中国科普作家协会是以科普作家为主体，并由科普翻译家、评论家、编辑家、美术家、科技记者，热心科普创作的科技专家、企业家、科技管理干部及有关单位自愿组成的全国性、学术性、非营利性的社会组织。中国科普作家协会于 1979 年 8 月成立，先后产生了七届理事会，茅以升、高士其、董纯才、温济泽、成思危、宋健、王麦林、章道义、张景中先后出任名誉会长；董纯才、温济泽、叶至善、张景中、刘嘉麒、周忠和先后任理事长。现有 24 个专业委员会，个人会员 3600 余人，并设有中国科普作家协会优秀科普作品奖、王麦林科学文艺创作奖。

被批准成为中国作家协会团体会员，是中国科普作家协会发展历史上具有里程碑意义的大事，对促进科普创作队伍建设、推动科普创作与文学创作进一步沟通交流都具有重要意义。其后，中国科普作家协会积极组织参与中国作家协会的各项工作：先后推荐尹传红、李丹莉、何夕三位作家成为中国作家协会会员；个人会员韩开春、单位会员地质出版社申报项目获得重点作品扶持资助。

---

① 本文由中国科普作家协会谢丹杨整理。

2016 年度和 2017 年度国家科学技术进步奖表彰 9 个科普创作项目①

2016 年度和 2017 年度国家科学技术进步奖二等奖共表彰了 9 个科普创作项目。这是我国表彰科普创作的最高政府奖励。

2016 年的获奖作品包括 1 部纪录片《变暖的地球》；3 种科普图书，分别为《躲不开的食品添加剂：院士、教授告诉你食品添加剂背后的那些事》《了解青光眼 战胜青光眼》《全民健康十万个为什么》。其中，《变暖的地球》是中国首部有关气候变暖的大型科普纪录片。

2017 年的获奖作品包括 1 部科普动画作品《阿优》，4 种科普图书作品，分别为《"科学家带你去探险"系列丛书》（4 册）、《湿地北京》、《肾脏病科普丛书》、《数学传奇：那些难以企及的人物》。以上科普作品中，有 4 个项目是通过中国科学技术协会报送的，1 个项目通过上海市报送，2 个项目通过浙江省报送，1 个项目通过河南省报送，1 个项目通过教育部报送。

---

① 本文由中国科普作家协会谢丹杨整理。

第四届中国科普作家协会优秀科普作品奖评选颁布^①

中国科普创作发展研究 2018

　　2016 年 12 月 28 日，第四届中国科普作家协会优秀科普作品奖颁奖大会在中国科技会堂举行。25 种科普图书、6 部科普影视动漫作品荣获金奖；48 种科普图书，12 部科普影视动漫类作品荣获银奖。

　　第四届中国科普作家协会优秀科普作品奖评选活动共征集参评图书作品 345 种，科普影视动漫类的评选作品 84 件。图书类参选作品仍以少儿科普作品为主，其中针对青少年的环保节水教育、生态文化科普、低碳生活宣传等新颖题材的涌现，反映出绿色生活的理念已渐融入当今青少年素质教育中。科学文艺类作品中，中国本土原创科幻作品明显增加，体现了科幻作品市场的发展。一些具有较高审美感染力的科学家传记、科技史的作品，以及具有较好创造性和思辨性的科学考察作品增幅明显。医学科普、基础科学和综合类图书分别针对前沿科技领域和优秀科普成果等题材，受到持续关注。影视作品仍以贴近社会、贴近大众的热门题材为主。同时，具有较高制作水准的生态纪录片也崭露头角。

---

① 本文由中国科普作家协会谢丹杨整理。

中国科普作家协会第七次
全国会员代表大会召开①

　　2016 年 12 月 28 日，中国科普作家协会第七次全国会员代表大会在北京召开。中国科学技术协会党组副书记、副主席、书记处书记徐延豪，中国作家协会党组成员、书记处书记、副主席白庚胜，国家新闻出版广电总局规划发展司副司长、改革办副主任李建臣，中国科学院科学传播局副局长赵彦，中国科学院院士周忠和，中国科学院院士杨焕明，中国工程院院士郑静晨，中国科普作家协会名誉理事长章道义及会员代表等共 200 多人出席大会。中国科学院院士、中国科普作家协会第六届理事会理事长刘嘉麒主持大会开幕式。

　　徐延豪在开幕式上讲话。他在讲话中充分肯定了中国科普作家协会在过去取得的成绩和为科普工作跨越式发展做出的贡献，并向积极参与和支持科普创作且为之创造良好环境的科技专家、科普出版专家、翻译家、编辑、记者和广大科技工作者表示诚挚的问候和崇高的敬意。他指出，我国的科普事业迎来了最好的时代，科普正在融入我国经济社会的方方面面，并开始深刻影响社会发展进程。2016 年 3 月国务院办公厅印发《全民科学素质行动计划纲要实施方案（2016—2020 年）》，

---

　　①　本文由中国科普作家协会李姗姗整理。

将繁荣科普创作作为重要任务之一纳入其中。徐延豪书记对中国科普作家协会的未来发展提出了几点希望：一是深入贯彻落实习近平总书记在全国"科技三会"上的重要讲话精神；二是扎实推进科普作协的深化改革；三是围绕青少年这个重点人群扎实开展科普创作；四是紧扣科技前沿推动科普创作的创新发展；五是全面加强科普作协组织自身建设。

本次代表大会审议通过了《中国科普作家协会章程》修改说明、第六届理事会工作报告、财务工作报告和会费标准及会费管理决定，并选举产生了中国科普作家协会第七届理事会。中国科学院院士、中国科学院古脊椎动物与古人类研究所所长周忠和当选为中国科普作家协会新一届理事会理事长，王晋康、王康友、冯伟民、汤书昆、吴岩、杨焕明、郑永春、崔丽娟、颜宁（按姓氏笔画排序）当选为副理事长，陈玲当选为秘书长。

中国科普作家协会第七届理事会理事长周忠和院士在闭幕式上致辞。他表示，中国科普作家协会将在新的起点，更加努力地朝着更高的目标前行，为新时期科普创作事业的繁荣，为实现伟大的强国梦而努力奋斗。

叶永烈获第二届王麦林科学文艺创作奖^①

2016 年 12 月 28 日，中国科普作家协会在中国科技会堂隆重颁出第二届王麦林科学文艺创作奖，著名科普、科幻和传记文艺作家叶永烈先生获此殊荣。

叶永烈先生是中国科普作家协会科学文艺委员会荣誉委员，他在科幻小说、科学童话、科学小品、科学家人物传记、科学教育电影剧本等多个领域著述达 1000 万字，是第一版《十万个为什么》的主要作者之一。叶永烈的科学小品和科学杂文简单明快，内容生动，曾出版过《燃烧以后》《知识之花》等多本科学小品选集。叶永烈的科学文艺和传记文学创作受到过多次奖励，这些奖励包括中国电影华表奖、中国电视金鹰奖、中国当代优秀传记文学作家、中华文学艺术家金龙奖、最佳传记文学家奖等。鉴于叶永烈在科学文艺领域的杰出贡献，中国科学技术协会和文化部曾经共同在北京举行仪式，授予叶永烈"先进科普工作者"称号。

王麦林科学文艺创作奖由中国科学技术协会原党组成员、中国科普作家协会创建人之一——王麦林先生捐资 100 万元成立的王麦林科学文艺创作奖励基金资助设立。首届王麦林科学文艺创作奖由中国科普作家协会于 2014 年 10 月在北京颁发，科普作家、科学普及出版社原社长金涛获得此项荣誉。

---

① 本文由中国科普作家协会谢丹杨整理。

第八届吴大猷科学普及著作奖颁布^①

中国科普创作发展研究 2018

  2017 年 7 月 10 日，由吴大猷学术基金会主办，"中国时报开卷周报"、中国科学报社合办，台积电文教基金会赞助的第八届吴大猷科学普及著作奖评选结果在台湾省台北市"中央研究院"物理研究所揭晓，中国科学报社负责大陆地区图书申报和初评、复评工作，大陆著作复评委员会由刘嘉麒、欧阳自远、夏建白、欧阳钟灿、周忠和五位院士和清华大学教授刘兵、北京师范大学教授刘孝廷组成。

  第八届评奖活动在大陆地区共征集到 262 种著（译）作作品，经历了初选、复评、决选等一系列环节，最终评选出了原创类和翻译类科普书的金签奖、银签奖共 4 部，佳作奖 15 部和青少年组特别奖两部。

  吴大猷是著名物理学家，被誉为"中国物理学之父"。吴大猷科学普及著作奖创办于 2002 年，每两年组织一次，至今已历时 14 年。该奖旨在从已经出版的科普华文著作中遴选出优秀图书给予奖励，鼓励更多作者和出版社参与到科普创作中，让更多人接触到科学知识，从而对科学产生兴趣，也满足社会公众对于科学知识的需求，现已逐渐成为海峡两岸最重要的科学普及奖项。

---

  ① 本文由中国科普作家协会谢丹杨整理。

2016 中国科幻季活动举办①

2016 年 9 月，以"科学创想　智遇未来"为主题的"2016 中国科幻季"在北京启动，这场科普科幻界的盛会吸引了诸多国内外知名的科普科幻作家、研究人员、科幻企业负责人、科幻媒体、资深科幻迷等参加。2016 中国科幻季包括 2016 中国科幻大会、国际科幻高峰论坛、银河奖颁奖典礼、全球华语科幻星云奖颁奖典礼、中国科幻史展、魅力科幻嘉年华、印象科幻片展映等系列活动。

2016 中国科幻大会由中国科学技术协会主办，腾讯公司、科幻世界杂志社、中国科普作家协会等承办，9 月 8 日在北京航空航天大学举行，以专家专题报告的形式探讨科幻文学创意、科幻产业发展、科幻与科学的关系等主要议题。其中，由北京师范大学科幻创意研究中心首次发布的《2016 中国科幻创意与创新方向年度报告》备受瞩目。

其间，第 27 届科幻银河奖颁奖典礼举行，中国科学技术协会党组副书记、副主席、书记处书记徐延豪，世界科幻大会主席克丽丝特尔・米利亚姆・赫夫等出席颁奖典礼，并颁出最佳原创图书奖、最佳编辑奖、最受欢迎外国作家奖、特别贡献奖等 13 个奖项。同时，"科幻・中国与世界"国际科幻高峰论坛暨第七届全球华语科幻星云奖开

---

① 本文由中国科普作家协会郝丽鑫整理。

幕式在中国国家图书馆艺术中心启幕，云集了来自中国、美国、日本等十余个国家和地区的科幻界领军人物，展开国际科幻界的讨论。

本次活动还举办了中国科幻史展，对我国科幻史进行了全新断代，总结归纳了不同历史时期科幻与时代国情的密切关系。此外，"科幻嘉年华""中外科幻明星进校园"也引起了科幻的热潮。

2017 中国科幻大会召开①

2017 年 11 月 11 日，以"众创聚力 幻创未来"为主题的 2017 中国科幻大会在成都召开，来自美国、英国、加拿大、意大利、日本等国家和地区的 21 位科幻界著名人士、27 家国内科幻产业展商及 200 余位国内嘉宾出席开幕式。

2017 中国科幻大会由开幕式、科幻产业论坛与创投会、银河奖和水滴奖颁奖、国际科幻峰会、科幻系列专题会议、科幻展览、科幻影片展映 7 个板块组成。大会期间，共举办 41 场演讲、对话和论坛，颁发了水滴奖、未来大师奖、银河奖。大会吸引观众 12.5 万人，同时还发布了《2017 科幻产业发展报告》《成都科幻宣言》，签署了《"中国科幻城"战略合作协议》。在中国科幻创投会上，科幻影视、游戏等相关项目负责人进行了路演，相关投资人、电影导演、制片等坐镇做评委，对项目进行评估建议，甚至现场签下中意的项目。

2017 中国科幻大会由中国科学技术协会主办，四川省科学技术协会、腾讯公司、中国国际科技交流中心、中国科普作家协会承办。中国科学技术协会党组书记、常务副主席、书记处第一书记怀进鹏出席大会并致辞。四川省委副书记、省长尹力在大会上发表讲话。本届中

---

① 本文由中国科普作家协会郝丽鑫整理。

国科幻大会产生了广泛的社会影响。《人民日报》、新华社、中央电视台、《光明日报》、《中国日报》、四川电视台、《四川日报》等 50 余家国家级、省级媒体进行了报道，新闻报道总量超 200 篇，其中《光明日报》给予了专版报道。

《科普创作》复刊①

2016 年 12 月 15 日，经国家新闻出版广电总局正式批复，同意《科技与企业》更名为《科普创作》杂志。这标志着中国科普作家协会会刊《科普创作》正式复刊。

《科普创作》原为中国科普作家协会会刊，创立于 1979 年，"是面向全国的指导性刊物，是科普作协会员及其爱好者学习科普创作，交流创作经验的园地。" 1979～1992 年，《科普创作》共出版 77 期，刊登科普政策、理论研究、评论、原创作品等近 2000 篇，为推动科普创作发展发挥了重要作用。

复刊后的《科普创作》面向全国，放眼世界，反映国内外科普创作新成果、科普创作产业发展态势，深入追踪时下科普创作热点，科普创作理论界资深专家学者的新思想、新研究，向思想敏锐、充满活力、功底扎实的中青年作家、新秀理论工作者全面开放。本刊的读者对象为科普科幻创作者、评论者及广大公众。

《科普创作》为季刊，每年的 3 月、6 月、9 月、12 月的 20 日出版。

① 本文由中国科普研究所姚利芬整理。

中国科普作家协会 2017 年会召开[①]

2017 年 12 月 2 日，中国科普作家协会 2017 年会在安徽省合肥市召开。年会主题是"繁荣科普创作　助力创新发展"，旨在为广大科普创作爱好者搭建学术研究和创作实践交流平台。会议由中国科普作家协会主办，安徽省科普作家协会承办，中国科学技术大学、时代出版传媒股份有限公司为支持单位。来自全国各地科普作协、高等院校、科研院所、期刊出版及相关媒体等的专家、学者与科普创作工作者 200 余人参加会议。

中国科学技术协会党组副书记、副主席、书记处书记徐延豪出席开幕式并讲话。徐延豪对新时代背景下的科普创作提出了三项新要求。一是科普创作要在建设社会主义现代化强国的伟大进程中发挥更加重要的作用，既要发挥学术知识向大众知识的转化器作用，又要发挥科学文化与大众文化的融合剂作用；二是科普创作应着力解决自身发展不平衡不充分的问题：包括科普图书选题失衡、新媒体科普作品匮乏、科普创作队伍规模偏小等问题；三是奋发有为，开拓创新，不断创作科普精品，把科学交给人民，要珍惜中华民族伟大复兴的历史机遇，肩负起繁荣科普创作的时代责任；要把握时代需要、人民需求，不断

---

① 本文由中国科普作家协会李姗姗、中国科普研究所姚利芬整理。

创新提升科普创作水平；要坚定文化自信，面向世界，书写人类共同繁荣；要以老带新传帮带，不断培养造就一支高素质创作人才队伍。

本次年会特邀著名科普作家卞毓麟，中国科学技术大学近代物理系教授、中央组织部首批"青年千人计划"归国学者陈宇翱，央视创造传媒有限公司创意副总监王雪纯，果壳网首席执行官、"分答"创始人姬十三做大会报告。

卞毓麟在题为《老兵新识——关于原创科普创作的再思考》的报告中，呼吁创作更多把握科研新动向的元科普作品；陈宇翱做了题为"量子的上个世纪和下个世纪"的报告，结合自己的研究分享了量子的前世、今生与未来，指出科学家与科普是一个慢慢地相互靠近的过程；王雪纯在《团结就是力量》的报告中，分享了自己在策划科普视频节目中的经验和收获；姬十三做了题为"正在发生的科普新变化"的报告，他认为短视频制作、知识付费、将科普用在文创产品上、以人为核心的传播模式等几个方面正在成为科普的新变化。

此外，大会设立了科普产业发展论坛、科学文艺与科幻创作论坛、旅游科普与创作论坛、科普教育与创作论坛、科普编辑与出版论坛和科普科幻创作青年论坛六个分论坛。论坛围绕繁荣科普创作、助力创新发展进行专门研讨。为了全方位展现协会与会员的创作成果，调动创作积极性，促进线上线下交流，大会期间还举办了会员作品展、2017科普科幻青年之星作品插画展。